Mathematische Rätsel für Liebhaber

Peter Winkler

Mathematische Rätsel für Liebhaber

Aus dem Amerikanischen übersetzt von
Harald Höfner und Brigitte Post

Titel der Originalausgabe: Mathematical Puzzles: A Connoisseur's Collection
Aus dem Amerikanischen übersetzt von Harald Höfner und Brigitte Post
© 2004 by A K Peters, Ltd.

Bibliografische Information der Deutschen Nationalbibliothek
Die Deutsche Nationalbibliothek verzeichnet diese Publikation in der Deutschen National-
bibliografie; detaillierte bibliografische Daten sind im Internet über http://dnb.d-nb.de
abrufbar.

Springer ist ein Unternehmen von Springer Science+Business Media
springer.de

© Spektrum Akademischer Verlag Heidelberg 2008
Spektrum Akademischer Verlag ist ein Imprint von Springer

08 09 10 11 12   5 4 3 2 1

Planung und Lektorat: Dr. Andreas Rüdinger, Bianca Alton
Redaktion: Regine Zimmerschied
Herstellung: Andrea Brinkmann
Umschlaggestaltung: wsp design Werbeagentur GmbH, Heidelberg
Satz: le-tex publishing services oHG, Leipzig
Druck und Bindung: Krips b.v., Meppel

ISBN 978-3-8274-2034-3

Vorwort

Zweifel ist die Vorhalle, die wir alle durchqueren müssen, bevor wir den Tempel der Weisheit betreten können. Wenn wir zweifeln und die Wahrheit mit eigener Kraftanstrengung austüfteln, dann haben wir etwas gewonnen, das uns bleibt und uns erneut zu Diensten sein wird. Aber wenn wir uns, um die Mühen der Suche zu vermeiden, der überlegenen Information eines Freundes bedienen, dann wird uns dieses Wissen nicht bleiben; wir haben es nicht gekauft, sondern geliehen.

C. C. Colton

Diese Rätsel sind nicht für jedermann.

Um sie schätzen und lösen zu können, ist es notwendig – aber nicht hinreichend –, sich in der Mathematik wohl zu fühlen. Sie müssen wissen, was ein Punkt, eine Gerade und eine Primzahl ist und wie viele Möglichkeiten es gibt, fünf Karten in einem Pokerblatt anzuordnen. Am wichtigsten aber ist, dass Sie wissen, was es bedeutet, etwas zu beweisen.

Sie werden keine professionellen Mathematikkenntnisse benötigen. Sie wissen, was eine Gruppe ist? Prima – aber Sie werden dieses Wissen hier nicht brauchen. Computer,

Taschenrechner und Analysisbuch können Sie beiseite lassen;
aber Ihren Denkapparat sollten Sie einschalten.

Wen spreche ich an? Amateur-Mathematiker. Wissenschaftler aus allen Fachbereichen. Aufgeweckte Schüler und Studenten. Und auch professionelle Mathematiker und Mathe-
matiklehrer werden hier neue Herausforderungen entdecken.
Diese Rätsel sind gewöhnlich nicht in Zeitschriftenartikeln, in
Übungsbüchern für die Hausaufgaben oder in anderen Rät-
selbüchern zu finden.

Wo habe ich sie also her? Mundpropaganda. Unter Mathematikern verbreiten sich Rätsel wie diese hier auf dieselbe
Weise wie Witze. In manchen Fällen konnte ich die Spur eines
Rätsels bis zu einer schriftlichen Quelle zurückverfolgen, wie
zum Beispiel einen Sowjetischen Mathematikwettbewerb, eine internationale Mathematikolympiade oder einen Artikel
von Martin Gardner. Aber natürlich ist dies nicht notwendigerweise die originale schriftliche Quelle, und selbst wenn
sie es wäre, könnte es sein, dass eine Variante des Rätsels Jahre zuvor mündlich verbreitet wurde. In wenigen Fällen kann
ich den Namen des Rätselerfinders nennen (zum Beispiel,
wenn ich es selbst ausgedacht habe). Oft stammt die Lösung
von mir und ist nicht notwendigerweise die des Verfassers.
Mehrere Lösungen werden nur dann vorgestellt, wenn sie
unwiderstehlich sind.

Der Wortlaut der Rätsel und ihre Lösungen kommen von
mir, und ich übernehme die volle Verantwortung für Irrtü-
mer und Zweideutigkeiten. Sie sind eingeladen, Beschwer-
den, Korrekturen und Informationen über die Quellen der
Rätsel per Mail an pw@akpeters.com zu senden. (Eine Ausnahme gibt es: Wie in Kapitel 11 angemerkt, sollte man mir
keine Lösungen für ungelöste Rätsel schicken.)

Vor Veröffentlichung dieses Buches war ich 28 Jahre lang
professioneller Mathematiker (14 an der Universität, 14 in
der Industrie). Ich habe seit meiner eigenen Schulzeit in den

1960er Jahren mathematische Rätsel gesammelt. Was Sie in diesem Buch lesen, sind nur ungefähr hundert meiner Lieblingsrätsel. Damit ein Rätsel in dieses Buch aufgenommen werden konnte, musste es die folgenden Kriterien erfüllen:

Unterhaltung: Das Rätsel sollte unterhaltsam sein. Probleme aus dem William-Lowell-Putnam-Mathematikwettbewerb, die jedes Jahr an Universitätsstudenten in den USA und Kanada ausgegeben werden, sind dazu da, die Fähigkeiten der Studenten zu testen. Das ist eine prima Zielsetzung, die aber nicht immer mit Unterhaltung vereinbar ist. (Dennoch gibt es einige Rätsel aus dem Putnam-Wettbewerb in diesem Buch.)

Allgemeingültigkeit: Das Rätsel sollte auf allgemeine mathematische Wahrheiten hinweisen. Ausgeschlossen wurden komplexe logische Rätsel, algebraische Rätsel von der Sorte „In zwei Jahren wird Alice doppelt so alt sein wie Bob war, als ...," Rätsel, die auf den Eigenschaften von besonders großen Zahlen beruhen, und viele andere Arten von klug ersonnenen Rätseln.

Eleganz: Das Rätsel sollte einfach und leicht formulierbar sein. Um es mündlich weiterzugeben, muss es leicht erinnerbar sein. Wenn die Darlegung ein Überraschungsmoment enthält – umso besser.

Schwierigkeitsgrad: Die Lösung des Rätsels sollte nicht zu offensichtlich sein.

Lösbarkeit: Das Rätsel sollte sich zumindest einer Lösung rühmen können, die einfach und überzeugend ist.

Die beiden letzten Punkte erzeugen eine Spannung: Das Rätsel sollte eine leichte Lösung haben, aber auch nicht zu einfach zu lösen sein. Wie bei einer guten Knobelaufgabe sollte die Antwort schwer zu finden, aber leicht wertzuschätzen sein. Natürlich ist im Fall der ungelösten Rätsel in Kapitel 11 die Schwierigkeit offensichtlich, und wir sollten bei der zweiten Bedingung nachsichtig sein.

Ein Wort zum Format. Zur besseren Handhabbarkeit sind die Rätsel in Kapitel eingeteilt, die locker nach mathematischen Begriffen oder Lösungen unterteilt sind. Die Lösungen werden am Schluss jedes Kapitels dargestellt (außer im letzten Kapitel); das Ende jeder Lösung wird durch ein Quadrat markiert (□). Wenn Informationen zu Hintergrund und Quelle des Rätsels vorliegen, werden sie an dieser Stelle präsentiert. Das Rätsel selbst wird zu Beginn der Lösung nicht wiederholt, da ich den Leser ermutigen möchte, alle Rätsel in einem Kapitel in Angriff zu nehmen, bevor er die Lösungen liest.

Die Rätsel sind schwierig. Mehrere hatten den Status ungelöster Rätsel, bis jemand die (elegante) Lösung fand, die Sie hier lesen. Die ungelösten Rätsel am Ende des Buches sind daher ein logischer Abschluss der Sammlung und vielleicht nur ein bisschen schwieriger als die anderen.

Sie können stolz auf alle Rätsel sein, die Sie lösen. Noch stolzer können Sie sein, wenn Sie bessere Lösungen finden als ich.

Viel Glück!

Peter Winkler

Hinweis des Verlags

Zum Zeitpunkt der Übersetzung von „Mathematical Puzzles – A Connoisseur's Collection" war von Peter Winkler bereits ein zweites Buch „Mathematical Mind-Benders" (ebenfalls bei A K Peters) erschienen.

In Absprache mit dem Originalverlag und Autor haben wir beschlossen, hieraus das Kapitel „Unsolved and Just-Solved" mit dem Kapitel „Unsolved Puzzles" des ersten Buchs zusammenzuführen. Zwei der „ungelösten" Probleme sind in der

Zwischenzeit gelöst worden, auch kommt der Leser der deutschen Ausgabe so in den Genuss weiterer ungelöster Probleme. Andererseits wurde das Kapitel „Geography(!)" des Originalwerks nicht in die Übersetzung aufgenommen, da sich viele Fragen auf Details der US-Geographie beziehen.

Inhaltsverzeichnis

1 Erkenntnis

Während [dieser] Zeiten der Entspannung nach
Phasen konzentrierter geistiger Aktivität scheint
die Intuition die Herrschaft zu übernehmen
und diese plötzlichen klärenden Erkenntnisse
auszulösen, die so viel Freude und Lust bereiten.

Fritjof Capra, Physiker

Dieses Kapitel zum Aufwärmen enthält eine Auswahl von Rätseln, die nicht an ein spezielles Thema oder an eine Technik gebunden sind. Jedoch wird Sie (wie dies oft der Fall ist) eine Schlüsselerkenntnis auf den richtigen Weg bringen. Legen wir also los:

Münzen in einer Reihe

Auf einem Tisch liegen 50 Münzen mit unterschiedlichen Werten in einer Reihe. Alice nimmt eine Münze von einem Ende weg und steckt sie ein; dann wählt Bob eine Münze von einem der beiden Enden, und so geht es abwechselnd weiter, bis Bob die letzte Münze einsteckt.

Beweisen Sie, dass Alice so spielen kann, dass sie garantiert mindestens genauso viel Geld bekommt wie Bob.

Probieren Sie dies selbst einmal mit einigen Münzen (oder Zufallszahlen) aus – vielleicht nur mit vier oder sechs Münzen statt mit 50. Es ist nicht offensichtlich, wie man am geschicktesten spielt, nicht wahr? Aber vielleicht benötigt Alice gar nicht die *beste* Strategie.

Jetzt haben Sie die Möglichkeit, einen Präzedenzfall zu schaffen und dieses Rätsel zu lösen, bevor Sie weiterlesen.

Lösung: Nummerieren Sie die Münzen von 1 bis 50. Sie werden feststellen, dass Alice (unabhängig von Bobs Spielweise) alle geradzahligen Münzen oder, wenn sie mag, alle ungeraden erringen kann. Eine dieser beiden Möglichkeiten muss der anderen mindestens gleichwertig sein.   □

Dieses Rätsel, das ich vom Mathematiker Noga Alon erhalten habe, wurde angeblich von einer Hightech-Firma in Israel eingesetzt, um Bewerber zu testen. Alice stehen sogar noch bessere Strategien zur Verfügung, als nur alle geraden oder ungeraden Münzen auszuwählen. Wenn aber 51 statt 50 Münzen zur Auswahl stehen, dann hat gewöhnlich Bob (der als Zweiter spielt) einen Vorteil, obwohl er weniger Münzen einsammelt als Alice. Es erscheint paradox, dass die Geradzahligkeit der Münzen solch eine gewaltige Auswirkung auf das Ergebnis des Spiels hat, bei dem alle Spielzüge ausschließlich an den Enden stattfinden.

(Der große Martin Gardner hat jüngst einen Kartentrick erfunden, der auf diesem Rätsel basiert. Wenn Sie sich für diesen und andere Kartentricks interessieren, dann empfehle ich Ihnen Colm Mulcahys hervorragende „Card Colm" auf http://www.maa.org/columns/colm/cardcolm.html.)   ▶

Jetzt sind Sie auf sich allein gestellt. Wir beginnen mit zwei Rätseln, die nicht ganz so mathematisch sind; dann kommen wir zum ernsthafteren Material. Lassen Sie sich von Ihrer Vorstellungskraft leiten!

Die Bixby-Jungs

Es war der erste Schultag, und in Mrs. Feldmans Klasse saßen in der ersten Reihe zwei identisch aussehende Schüler, Donald and Ronald Bixby, nebeneinander in der vordersten Bank.

„Ich nehme an, ihr seid Zwillinge?" fragte sie.

„Nein", antworteten die Jungs unisono.

Ihre Unterlagen zeigten jedoch, dass sie die gleichen Eltern hatten und am selben Tag geboren wurden. Wie war das möglich?

Der Dachbodenlichtschalter

Eine Schalttafel im Keller enthält drei An-und-aus-Schalter. Einer davon ist der Schalter für die Lampe auf dem Dachboden – aber welcher? Ihre Aufgabe besteht darin, etwas mit den Schaltern zu tun und dann nach einem *einmaligen* Gang zum Dachboden zu entscheiden, welcher der Schalter das Licht auf dem Dachboden ein- und ausschaltet.

Benzinmangel

Es herrscht Benzinmangel. Mehrere Tankstellen, die auf einer langen Wegstrecke kreisförmig angeordnet sind, haben zusammen gerade so viel Benzin, dass es für eine Rundreise reicht.

Beweisen Sie, dass Sie die Rundreise schaffen, wenn Sie mit einem leeren Tank an der richtigen Tankstelle starten.

Der Gebrauch von Zündschnüren

Sie haben zwei Zündschnüre von unterschiedlicher Länge,
die beide in exakt einer Minute abbrennen. Können Sie mithilfe der Zündschnüre eine Zeitspanne von 45 Sekunden bestimmen?

Ganze Zahlen und Rechtecke

Ein großes Rechteck in der Ebene wird in kleinere Rechtecke
aufgeteilt, deren Höhen oder Breiten (oder beides) jeweils
ganzzahlig sind.

Beweisen Sie, dass auch das große Rechteck diese Eigenschaft hat.

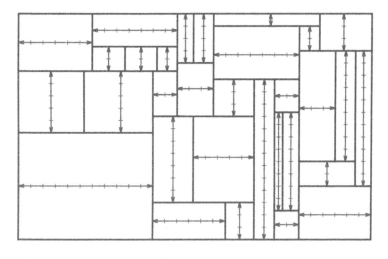

Das Neigen der Waagschale

Auf dem Tisch der Lehrerin steht eine Balkenwaage, die sich im Augenblick nach rechts neigt. Auf beiden Waagschalen befinden sich Gewichte, und auf jedem Gewicht steht der Name von mindestens einem Schüler. Wenn ein Schüler den Klassenraum betritt, dann nimmt er alle Gewichte mit seinem Namen und legt sie auf die andere Seite der Waage.

Beweisen Sie, dass es eine *bestimmte* Menge von Schülern gibt, die die Lehrerin hereinlassen kann, so dass sich die Waage nach links neigt.

Uhren auf dem Tisch

Auf einem Tisch liegen 50 genau gehende Uhren. Beweisen Sie, dass es einen Augenblick gibt, in dem die Summe der Entfernungen vom Mittelpunkt des Tisches bis zu den Enden der Minutenzeiger größer ist als die Summe der Entfernungen vom Mittelpunkt des Tisches zu den Mittelpunkten der Uhren.

Pfad auf einem Schachbrett

Alice fängt an: Sie markiert ein Quadrat in der Ecke eines $n \times n$-Schachbretts; Bob markiert ein direkt benachbartes Quadrat (mit gemeinsamer Kante). Dann fahren Alice und Bob so lange abwechselnd fort – wobei sie jeweils ein Quadrat markieren, das dem zuletzt markierten direkt benachbart ist –, bis kein unmarkiertes direkt benachbartes Quadrat mehr verfügbar ist. Der Spieler, der jetzt an der Reihe ist, hat verloren.

Bei welchen n verfügt Alice über eine Gewinnstrategie? Bei welchen n gewinnt sie, wenn das zuerst markierte Quadrat stattdessen ein Nachbar eines Eckquadrats ist?

Hochzahl über Hochzahl

In den 1960er Jahren enthielt die Abschlussprüfung einer amerikanischen Highschool die folgende Frage. Falls

$$x^{x^{x^{\cdots}}} = 2,$$

welche Zahl ist dann x? Nach der vorgesehenen Lösung sollte festgestellt werden, dass der gesamte Exponent zur ersten Basis „x" denselben Wert hat wie der gesamte Ausdruck, also $x^2 = 2$, $x = \sqrt{2}$. Ein Schüler stellte jedoch fest, dass die Antwort auf die Aufgabe

$$x^{x^{x^{\cdots}}} = 4$$

zur gleichen Antwort geführt hätte: $x = \sqrt[4]{4} = \sqrt{2}$.

Hm. Nur, was ist aber nun $\sqrt{2}^{\sqrt{2}^{\sqrt{2}^{\cdots}}}$? Können Sie einen Beweis finden?

Soldaten im Gelände

Eine ungerade Zahl von Soldaten wird in einem Gelände stationiert, und zwar so, dass die Entfernungen der Paare jeweils unterschiedlich sind. Jedem Soldaten wird befohlen, den ihm am nächsten stehenden Soldaten im Auge zu behalten.

Beweisen Sie, dass mindestens ein Soldat nicht beobachtet wird.

Intervalle und Abstände

Es sei S die Vereinigung von k disjunktiven, abgeschlossenen Intervallen im Einheitsintervall $[0, 1]$. Angenommen, S hat die

Eigenschaft, dass es für jede reelle Zahl d in $[0, 1]$ zwei Punkte in S gibt, deren Abstand d beträgt. Beweisen Sie, dass die Summe der Intervalllängen in S mindestens $1/k$ beträgt.

Aufsummieren auf 15

Alice und Bob wählen abwechselnd Zahlen aus der Menge $\{1, 2, \ldots, 9\}$, wobei jede Zahl nur einmal verwendet werden darf. Der Erste, der drei Zahlen mit der Summe 15 hat, hat gewonnen. Gibt es für Alice, die zuerst an der Reihe ist, eine Gewinnstrategie?

Lösungen und Kommentare

Die Bixby-Jungs

Eine klassische Denksportaufgabe. Natürlich sind die Bixbys Drillinge. Der dritte (Arnold?) war in einer anderen Klasse. □

Der Dachbodenlichtschalter

Dieses Rätsel ging vor ungefähr einem Jahrzehnt wie eine Grippewelle rund um die Welt. Ich kenne die Originalquelle nicht.

Es ist wirklich unmöglich herauszufinden, welcher Schalter zur Lampe auf dem Dachboden gehört, wenn man nur ein Bit an Information von einem Gang zum Dachboden hat. Aber mit Ihren Händen können Sie sich weitere Informationen verschaffen! Schalten Sie die Schalter 1 und 2 ein, warten Sie ein paar Minuten, und schalten Sie dann, bevor Sie auf den Dachboden steigen, Schalter 2 aus. Wenn die Lampe aus, aber warm ist, dann können Sie den Schluss ziehen, dass Schalter 2 der richtige ist. □

Wenn Sie die Glühbirne mit der Hand nicht erreichen können, aber über ein *enormes* Maß an Geduld verfügen, dann können Sie den gleichen Effekt erzielen, indem Sie Schalter 2 anschalten und dann ein paar Monate warten, bevor Sie Schalter 1 aktivieren und den Dachboden aufsuchen. Wenn die Glühbirne durchgebrannt ist, dann ist Schalter 2 der Übeltäter.

Benzinmangel

Dieses Rätsel ist schon lange im Umlauf; es kann zum Beispiel in László Lovászs wunderbarem Buch *Combinatorial Problems and Exercises*, Amsterdam 1979, nachgelesen werden. Der Trick besteht darin, dass Sie sich vorstellen, bei Tankstelle 1 mit einer *ausreichenden* Menge Benzin zu starten und dann die Route abzufahren, wobei Sie jede Tankstelle leertanken. Wenn Sie zu Tankstelle 1 zurückkehren, haben Sie die gleiche Menge Benzin im Tank wie beim Start.

Wenn Sie so vorgehen, dann beobachten Sie, wie viel Benzin Sie bei der Einfahrt in jede Tankstelle noch haben. Nehmen Sie an, dass diese Menge an der Tankstelle k am geringsten ist. Wenn Sie nun an Tankstelle k mit leerem Tank Ihre Rundreise starten, wird Ihnen das Benzin zwischen den Tankstellen nicht ausgehen.   □

Der Gebrauch von Zündschnüren

Zünden Sie gleichzeitig die beiden Enden der einen Zündschnur und ein Ende der anderen an. Wenn die erste Lunte abgebrannt ist (nach einer halben Minute), stecken sie das andere Ende der zweiten in Brand. Wenn diese Lunte abgebrannt ist, sind genau 45 Sekunden vergangen.   □

Dieses und andere Zündschnurrätsel verbreiteten sich vor einigen Jahren wie ein Flächenbrand. Dick Hess, ein Experte für Unterhaltungsmathematik, hat einen kleinen Band namens *Shoelace Clock Puzzles* zusammengestellt, der ihnen gewidmet ist. Von dem Rätsel oben hörte er zuerst von Carl Morris von der Harvard-Universität. Hess betrachtet mannigfaltige Zündschnüre (bei ihm sind es Schnürsenkel), aber entzündet sie nur an den Enden. Man kann noch mehr erreichen, wenn man zulässt, dass die Zündschnüre auch in der Mitte oder nach dem Zufallsprinzip mehrfach entzündet werden. Man kann zum Beispiel eine 60-Sekunden-Zündschnur in zehn Sekunden abbrennen, indem man sie an beiden Enden und an zwei inneren Punkten anzündet. Wenn ein Segment abgebrannt ist, zündet man einen neuen inneren Punkt an, so dass immer drei Segmente an beiden Enden brennen. Auf diese Weise wird das Material der Lunte sechsmal so schnell wie vorgesehen verbrannt.

Allerdings wird es am Ende eine ziemliche Hetzerei. Sie benötigen unendlich viele Streichhölzer, um perfekte Präzision zu erreichen.

Ganze Zahlen und Rechtecke

Dieses Rätsel war Gegenstand eines einzigartigen Artikels von Stan Wagon (vom Macalester College in St. Paul, Minnesota) mit dem Titel „Fourteen Proofs of a Result about Tiling a Rectangle" in *The American Mathematical Monthly*, Bd. 94 (1987), S. 601–617.

Einige von Wagons Lösungen machen seltsamen Gebrauch von schwerem mathematischen Geschütz. Eine Lösung, die dies vermeidet, erfordert, dass man die linke untere Ecke des großen Rechtecks auf den Ursprung eines Gitters platziert, das aus Quadraten mit der Seitenlänge 1/2 besteht. Indem wir die Quadrate des Gitters wie bei einem Schachbrett abwechselnd schwarz und weiß färben, sehen wir, dass jedes kleine Rechteck exakt halb weiß und halb schwarz ist.

Dasselbe gilt folglich für das große Rechteck. Wenn jedoch die Höhe des großen Rechtecks nicht ganzzahlig ist, dann ist der Bereich des großen Rechtecks zwischen den Geraden $x = 0$ und $x = 1/2$ farblich nicht ausbalanciert. Demzufolge müsste die Breite ganzzahlig sein. $\square$

Ihr Autor ist für die folgende Lösung verantwortlich, die sich in Wagons Artikel nicht findet. Es sei ε kleiner als die geringste Abweichung in der Zerlegung. Färben Sie jedes kleine Rechteck mit ganzzahliger Breite grün, außer einem waagrechten Streifen von der Breite ε am oberen und unteren Rand. Färben Sie jedes restliche kleine Rechteck rot, außer einem grünen senkrechten Streifen von der Breite ε am linken und rechten Rand.

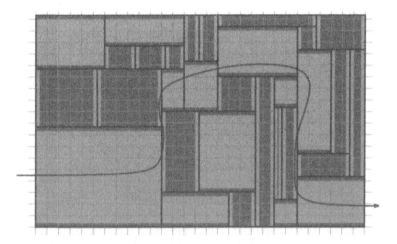

Platzieren Sie die linke untere Ecke des großen Rechtecks auf dem Ursprung (eines Gitters). Entweder gibt es einen grünen Pfad von der linken zur rechten Seite, oder es gibt einen roten Pfad von unten nach oben. Angenommen das Erstere trifft zu. Jedes Mal, wenn der grüne Pfad eine senkrechte

Grenze der Partition überquert, liegt sie auf einer ganzzahligen Koordinate. Deshalb hat das große Rechteck eine ganzzahlige Breite. In gleicher Weise führt ein roter Pfad von unten nach oben zwangsweise zu einer ganzzahligen Höhe.

Das Neigen der Waagschale

Betrachten Sie alle Teilmengen der Schüler inklusive der leeren Menge und der Gesamtmenge. Jedes Gewicht befindet sich die Hälfte der Zeit auf der linken Seite; also ist das Gesamtgewicht für all diese Teilmengen auf der linken Seite gleich dem Gesamtgewicht auf der rechten Seite. Da die leere Menge zu einer Neigung nach rechts führt, muss eine andere Menge in einer Neigung nach links resultieren.

Quelle: 2. Gesamtsowjetischer Mathematikwettbewerb, Leningrad 1968.   □

Die Technik der „Mittelung", die hier angewandt wird, kommt häufig vor: Achten Sie darauf!

Uhren auf dem Tisch

Wenn wir nur eine Uhr betrachten, dann behaupten wir, dass während des Ablaufs einer Stunde die durchschnittliche Entfernung vom Mittelpunkt C des Tisches bis zur Spitze M des Minutenzeigers größer als die Entfernung von C zum Mittelpunkt W der Uhr ist. Denn ziehen wir eine Gerade L durch C, die senkrecht auf der Strecke von C nach W steht, ist die Durchschnittsentfernung von L zu M eindeutig gleich der Entfernung LW. Diese ist wiederum gleich CW. Aber CM ist mindestens gleich LM und normalerweise größer.

Wenn wir alle Uhren zusammenzählen, dann kommen wir natürlich zur gleichen Schlussfolgerung. Daraus folgt, dass irgendwann während des Ablaufs einer Stunde die gewünschte Ungleichheit erreicht wird.   □

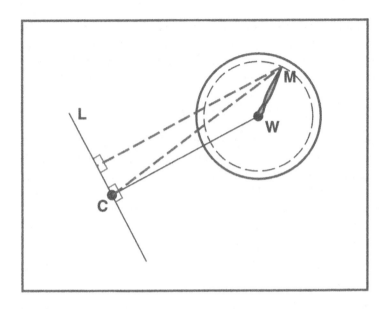

Die Anforderung, dass die Uhren genau gehen, stellt sicher, dass sich jeder Minutenzeiger mit konstanter Geschwindigkeit bewegt. Es spielt keine Rolle, ob sich diese Geschwindigkeiten unterscheiden, sofern unsere Geduld nicht auf eine Stunde begrenzt ist.

Eine zusätzliche Anmerkung: Wenn Sie die Uhren ganz sorgfältig auf dem Tisch ausrichten, dann können Sie sicherstellen, dass die Summe der Entfernungen vom Mittelpunkt des Tisches zu den Enden der Minutenzeiger stets größer ist als die Summe der Entfernungen vom Mittelpunkt des Tisches zum Mittelpunkt der Uhren.

Quelle: 10. Gesamtsowjetischer Mathematikwettbewerb, Duschanbe 1976.

Pfad auf dem Schachbrett

Wenn n gerade ist, steht Bob eine einfache Gewinnstrategie zur Verfügung, wobei es gleichgültig ist, wo Alice beginnt. Bob stellt sich einfach vor, das Schachbrett werde von Dominosteinen bedeckt, wobei ein Stein zwei benachbarte Quadrate des Bretts bedeckt. Er wählt dann die zweite Hälfte jedes Dominosteins, der von Alice begonnen wird. (Beachten Sie bitte, dass diese Methode auch dann funktioniert, wenn man Alice erlaubt, bei jedem Zug jedes beliebige Quadrat zu markieren!)

Wenn n ungerade ist und Alice in einer Ecke beginnt, gewinnt sie, wenn sie sich ein Kachelmuster aus Dominosteinen vorstellt, das jedes Quadrat bedeckt – außer dem in der Ecke, mit dem sie beginnt.

Alice verliert jedoch im ungeraden Fall n, wenn sie in dem Quadrat beginnen muss, das neben der Ecke liegt. Nehmen wir an, die Eckquadrate auf einem Schachbrett sind schwarz gefärbt, so dass ihr Startquadrat weiß ist. Es gibt also ein Kachelmuster aus Dominosteinen minus einem schwarzen Quadrat. Bob gewinnt, indem er diese Dominosteine komplettiert. Alice kann das eine Quadrat, das frei liegt, niemals markieren, denn alle Quadrate, die sie markiert, sind weiß. □

Quelle: 12. Gesamtsowjetischer Mathematikwettbewerb, Taschkent 1978.

Hochzahl über Hochzahl

Falls der Ausdruck

$$\sqrt{2}^{\sqrt{2}^{\sqrt{2}^{\sqrt{2}^{.^{.^{.}}}}}}$$

überhaupt etwas bedeutet, dann ist er der Grenzwert der Folge $\sqrt{2}$, $\sqrt{2}^{\sqrt{2}}$, $\sqrt{2}^{\sqrt{2}^{\sqrt{2}}}$, ... Der Grenzwert existiert tatsächlich; die Folge ist steigend und nach oben beschränkt.

Um das Erstere zu zeigen, bezeichnen wir die Folge mit $s_1, s_2, \ldots$ und beweisen mit Induktion, dass $1 < s_i < s_{i+1}$ für jedes $i \geq 1$. Das ist einfach, denn $s_{i+2} = \sqrt{2}^{s_{i+1}} > \sqrt{2}^{s_i} = s_{i+1}$.

Um die obere Grenze zu ermitteln, gehen wir von der Beobachtung aus, dass der gesamte Ausdruck auf den Wert 2 zusammenschrumpft, wenn wir für jedes s_i den höchsten Exponenten $\sqrt{2}$ durch die größere Zahl 2 ersetzen.

Jetzt, da wir wissen, dass ein Grenzwert existiert, nennen wir ihn y. Er muss in der Tat die Gleichung $\sqrt{2}^y = y$ erfüllen. Sehen wir uns die Gleichung $x = y^{1/y}$ näher an, dann stellen wir mit Hilfe der elementaren Analysis fest, dass x streng monoton steigt, bis es sein Maximum in y erreicht, und danach streng monoton fällt. Es gibt daher höchstens zwei y-Werte, die einem beliebigen x-Wert entsprechen. Für $x = \sqrt{2}$ kennen wir die Werte: $y = 2$ und $y = 4$.

Da unsere Folge von der Zahl 2 beschränkt wird, kommt die Lösung $y = 4$ nicht in Frage. Wir folgern also $y = 2$.   □

In Verallgemeinerung der obigen Argumentation können wir sagen, dass $x^{x^{x^{\cdot^{\cdot}}}}$ eine definierte Bedeutung besitzt und den gleichen Wert hat wie die kleinere Lösung der Gleichung $x = y^{1/y}$, sofern $1 \leq x \leq e^{1/e}$. Für $x = e^{1/e}$ ist der Ausdruck gleich e, aber sobald x den Ausdruck $e^{1/e}$ übersteigt, divergiert die Folge ins Unendliche.

Diese Beobachtung hat Leonhard Euler im Jahre 1778 gemacht!

Gerald Folland von der Universität Washington wies mich darauf hin, dass das Verhalten von $x^{x^{x^{\cdot^{\cdot}}}}$ ebenfalls ganz interessant ist, wenn x kleiner als 1 ist. Weitere Informationen zu dieser Angelegenheit können Sie dem Artikel von J. M. de Villiers und P. N. Robinson in *American Mathematical Monthly*, Bd. 93 (1986), S. 13–23, entnehmen.

Soldaten im Gelände

Dieses Problem vom 6. Gesamtsowjetischen Mathematikwettbewerb 1966 in Woronesch löst man am einfachsten, wenn man sich die beiden Soldaten betrachtet, die am dichtesten beieinanderstehen. Jeder beobachtet den jeweils anderen; beobachtet noch irgendjemand einen von den beiden, dann gibt es einen Soldaten, der zweimal beobachtet wird, und daher einen anderen, der überhaupt nicht beobachtet wird. Anderenfalls könnte man diese beiden Soldaten entfernen, ohne dass die anderen davon betroffen sind. Da die Anzahl der Soldaten ungerade ist, reduziert sich mit diesem Verfahren die Zahl schließlich auf einen Soldaten, der niemanden beobachtet – ein Widerspruch. ☐

Intervalle und Abstände

Quelle: 17. Gesamtsowjetischer Mathematikwettbewerb, Kischenew 1983.

Angenommen, die Längen der Intervalle in S sind $s_1, \ldots, s_k$, die Summe aller Längen ist s. Lassen Sie uns das Intervall I_{ij} der *Abstände* betrachten, das wir erhalten, wenn wir einen Punkt aus dem $i$ten Intervall und einen anderen Punkt aus dem $j$ten Intervall nehmen. Das Intervall I_{ij} hat ganz klar die Länge $s_i + s_j$. Summiert man alle Intervalle paarweise auf, dann taucht s_i $k-1$-mal auf. Somit beträgt die Gesamtlänge der Abstände, die man durch die Wahl von zwei verschiedenen Intervallen erhält, höchstens $(k-1)s$. Die Abstände, die man durch die Wahl von zwei Punkten aus *demselben* Intervall erhält, reichen von 0 bis zur maximalen Länge s_i. Insgesamt ist das Maß der Abstände also höchstens ks; aus $ks \geq 1$ erhalten wir $s \geq 1/k$. ☐

Die Beweisführung ist nur dann hieb- und stichfest, wenn das maximale s_i gleich s ist, das heißt dass alle Intervalle außer einem die Länge 0 haben. Dies können wir erreichen, wenn wir ein Intervall mit $[j/k, (j+1)/k]$ festlegen für ein beliebiges $j \in \{0, 1, \ldots, k-1\}$ und die einzelnen Punkte $0, 1/k, 2/k, \ldots, (j-2)/k, (j-1)/k, (j+2)/k, (j+3)/k, \ldots, 1$ hinzufügen.

Aufsummieren auf 15

Der schnelle Weg, dieses Rätsel zu lösen, besteht darin, dass Alice und Bob mit dem folgenden magischen Quadrat spielen:

$$
\begin{array}{ccc}
8 & 1 & 6 \\
3 & 5 & 7 \\
4 & 9 & 2 \,.
\end{array}
$$

Da die Reihen, Spalten und Hauptdiagonalen die Summe 15 ergeben, spielen sie Tic-Tac-Toe! Jeder weiß, dass in Tic-Tac-Toe auch das beste Spiel zu einem Unentschieden führt. Die Antwort auf unsere Frage ist also: Nein, es gibt keine Gewinnstrategie für Alice. □

Dieses verrückte Spiel wird im zweiten Band des Klassikers *Winning Ways for Your Mathematical Plays* von Elwyn Berlekamp, John Conway und Richard Guy (Academic Press, 1982; 2. Auflage, A K Peters 2001) erwähnt. Das Buch schreibt das Rätsel einem E. Pericoloso Sporgersi zu, aber es stimmt einen doch misstrauisch, dass man diese Worte auch in italienischen Eisenbahnzügen finden kann, wo sie Fahrgäste warnen, sich nicht aus dem Fenster zu lehnen.

2 Zahlen

Zahlen stellen eine unerschöpfliche Quelle der Faszination dar, und für einige unter uns eine lebenslange Krankheit. Manche Menschen können sich sogar von den Eigenschaften *bestimmter* Zahlen fesseln lassen; es sind viele spannende Rätsel erdacht worden, welche sich diese Besonderheiten zunutze machen. Dabei sind oft Schlussfolgerungen aus dem erforderlich, was zunächst nach mangelnder Information aussieht.

Es entspricht jedoch dem Geist dieser Sammlung, dass sie nach einer größeren Allgemeingültigkeit strebt. Unsere zahlentheoretischen Probleme drehen sich um Zahlen im Allgemeinen, nicht um Spezialfälle. In den meisten Fällen benötigen Sie kaum mehr als das Wissen, dass sich jede positive Zahl eindeutig als Produkt von Primzahlpotenzen darstellen lässt.

Hier ein Übungsrätsel:

Schließfachtüren

In der Turnhalle einer Schule stehen Schließfächer in einer Reihe. Sie sind von 1 bis 100 durchnummeriert. Die erste Schülerin, die die Turnhalle betritt, öffnet alle Schließfächer. Die zweite Schülerin schließt alle geradzahligen Fächer; ein dritter Schüler ändert den Zustand jedes Schließfachs, dessen Nummer ein Vielfaches von 3 ist.

Dies wird so lange fortgesetzt, bis alle 100 Schüler die Reihe abgeschritten haben. Welche Schließfächer sind am Ende offen?

Lösung: Der Zustand des Schließfachs n verändert sich, wenn der $k$te Schüler vorbeigeht, wobei k ein Divisor von n ist. Hier nutzen wir die Tatsache, dass die Divisoren normalerweise als Paare $\{j, k\}$ auftauchen, wobei $j \cdot k = n$; so ist die gemeinsame Wirkung der Schüler j und k auf dieses Schließfach letztendlich null. Die Ausnahme ist, wenn n ein perfektes Quadrat ist und es keinen anderen Divisor gibt, der den Effekt des $\sqrt{n}$ten Schülers ungültig macht. Deshalb sind die Schließfächer, die zum Schluss offen bleiben, genau die perfekten Quadrate 1, 4, 9, 16, 25, 36, 49, 64, 81 und 100. □

Wir beginnen mit einigen Beobachtungen zu natürlichen Zahlen zur Basis 10 und schließen mit einem überraschend subtilen Festtafelrätsel.

Nullen, Einsen und Zweien

Es sei n eine natürliche Zahl. Beweisen Sie, dass a) n ein Vielfaches (ungleich null) besitzt, dessen Darstellung (zur Basis 10) nur Nullen und Einsen umfasst, und dass b) 2^n ein Vielfaches hat, dessen Darstellung nur aus Einsen und Zweien besteht.

Summen und Differenzen

Es seien 25 verschiedene positive Zahlen gegeben. Beweisen Sie, dass Sie zwei von ihnen so auswählen können, dass keine der anderen Zahlen ihrer Summe oder ihrer Differenz gleicht.

Rationale Zahlen erzeugen

Eine Menge S enthält 0 und 1 und das arithmetische Mittel jeder endlichen nichtleeren Teilmenge von S. Beweisen Sie, dass S alle rationalen Zahlen in dem Einheitsintervall enthält.

Bruchzahlen addieren

Addieren Sie für eine gegebene natürliche Zahl $n > 1$ alle Bruchzahlen $1/pq$ auf, wobei p und q teilerfremd sind, $0 < p < q \leq n$ und $p + q > n$. Beweisen Sie, dass das Ergebnis stets 1/2 ist.

Im Kreis subtrahieren

Schreiben Sie eine Folge von n positiven ganzen Zahlen auf. Ersetzen Sie jede durch die absolute Differenz zwischen ihr und ihrem Nachfolger (bei der letzten Zahl subtrahieren Sie die erste, fangen also wieder von vorne an). Wiederholen Sie dies, bis alle Zahlen 0 sind. Beweisen Sie, dass für $n = 5$ der Prozess immer weitergeht, aber für $n = 4$ stets endet.

Gewinn und Verlust

Auf dem Treffen der Aktionäre präsentiert der Vorstand die monatlichen Gewinne (oder Verluste) seit dem letzten Treffen. „Beachten Sie", sagt der Vorstandsvorsitzende, „dass wir in jeder der aufeinanderfolgenden achtmonatigen Perioden einen Gewinn machten."

„Das mag ja sein", beschwert sich ein Aktionär, „aber ich kann auch sehen, dass wir in jeder aufeinanderfolgenden *Fünf*monatsperiode Geld *verloren* haben!"

Wie hoch ist die Maximalzahl an Monaten, die seit dem letzten Treffen verstrichen sein kann?

Erste ungerade Zahl im Wörterbuch

Jede Zahl zwischen 1 und 10^{10} wird im formalen Englisch ausgeschrieben (zum Beispiel „two hundred eleven", „one thousand forty-two") und dann in alphabetischer Reihenfolge wie in einem Wörterbuch aufgelistet, wobei die Leerstellen und Bindestriche ignoriert werden. Welches ist die erste ungerade Zahl in dieser Liste?

Lösungen und Kommentare

Nullen, Einsen und Zweien

Für Teil a wenden wir das berühmte und nützliche „Schubfachprinzip" an: Gibt es mehr Objekte als Schubfächer, dann muss irgendein Fach mindestens zwei Objekte enthalten. Es gibt nur n Zahlen modulo n, aber die Menge $\{1, 11, 111, 1111, \dots\}$, deren größtes Element $n + 1$ Stellen besitzt, hat die Größe $n + 1$; deshalb umfasst sie zwei Zahlen, deren Werte gleich sind, modulo n. Subtrahiere die eine von der anderen! □

David Gale wies mich auf Folgendes hin: Man kann, solange n kein Vielfaches von 2 oder 5 ist, sogar ein Vielfaches von n finden, dessen Darstellung (zur Basis 10) nur aus Einsen besteht. Der Grund besteht darin, dass die obige Argumentation ein Vielfaches von n in der Form $111\ldots111000\ldots000$ produziert; falls k Nullen am Ende stehen, dann liefert Ihnen die Division durch $10^k = 2^k \cdot 5^k$ eine Zahl nur aus Einsen, die auch ein Vielfaches von n ist.

Für Teil b ist es vielleicht am einfachsten, durch vollständige Induktion über k zu zeigen, dass es eine Zahl mit k Ziffern gibt, die nur aus Einsen und Zweien besteht und ein Vielfaches von 2^k ist. Indem man eine 1 oder eine 2 vor solch eine Zahl stellt, erhöht man sie um $2^k 5^k$ oder um $2^{k+1} 5^k$, wodurch in jedem Fall die Teilbarkeit durch 2^k erhalten bleibt; da sich die beiden Möglichkeiten um $2^k 5^k$ unterscheiden, muss eine von ihnen sogar durch 2^{k+1} teilbar sein. □

Das erste dieser Probleme erreichte mich über Muthu Muthukrishnan von der Forschungsabteilung von AT&T und der Rutgers-Universität. Das zweite stammt von der 5. Gesamtsowjetischen Mathematikolympiade 1971 in Riga; die hier vorgestellte Lösung ist von Sasha Barg von der Universität von Maryland.

Ein ähnliches Problem von der 1. Gesamtsowjetischen Mathematikolympiade 1967 in Tiflis erfordert einen Beweis, dass es eine Zahl gibt, die durch 5^{1000} teilbar ist und keine 0 in ihrer Dezimaldarstellung enthält. Ein Ansatz besteht darin, das Gegenteil zu vermuten und k als die größte derartige Potenz von 5 anzunehmen. Es sei n diejenige Zahl mit mindestens k Stellen, von denen keine eine Null ist, die den Faktor 5 am häufigsten (etwa j-mal, $j \leq k$) enthält. Falls dann $n \equiv d \bmod 5^{j+1}$ gilt, wird die Subtraktion von $d \cdot 10^{j+1}$ oder die Addition von $(5 - d) \cdot 10^{j+1}$ die Zahl n nullfrei halten und ihre Teilbarkeit erhöhen, was ein Widerspruch ist.   □

Summen und Differenzen

Dieses Problem stammt ebenfalls vom 5. Gesamtsowjetischen Mathematikwettbewerb 1971 in Riga. Für die Zahlen gelte $x_1 < x_2 < \cdots < x_n$. Falls x_n nicht eine der gewünschten Zahlen ist, dann muss für jede kleinere Zahl x_i gelten, dass es eine Zahl x_j mit $x_i + x_j = x_n$ gibt. Dadurch werden die ersten 24 Zahlen paarweise verknüpft, so dass $x_i + x_{n-i-1} = x_n$ gilt. Jetzt betrachten Sie x_{n-1} zusammen mit irgendeiner Zahl aus $x_2, \ldots, x_{n-2}$; diese Paare machen als Summe mehr aus als $x_n = x_{n-1} + x_1$, und deshalb müssen $x_2, \ldots, x_{n-2}$ auch gepaart werden und erfüllen dieses Mal $x_{2+i} + x_{n-2-i} = x_{n-1}$. Aber dadurch wird $x_{(n-1)/2}$ mit sich selbst gepaart, so dass die Zahlen $x_{n-1}, x_{(n-1)/2}$ das Rätsel lösen.   □

Rationale Zahlen erzeugen

Beachten Sie zunächst, dass S alle „dyadischen" rationalen Zahlen umfasst, das heißt rationale Zahlen der Form $p/2^n$; wir können alle diejenigen mit dem Nenner 2^n und einem ungeraden Zähler erhalten, indem wir zwei benachbarte Zahlen mitteln, deren Nenner niedrigere Potenzen aufweisen.

Jedes allgemeine p/q ist natürlich der Durchschnitt von p Einsen und $q - p$ Nullen. Wir wählen ein großes n und ersetzen die Nullen durch $1/2^n, -1/2^n, 2/2^n, -2/2^n, 3/2^n$ usw. einschließlich einer 0, falls p ungerade ist. Gleichermaßen ersetzen wir die Einsen durch $1-1/2^n, 1+1/2^n, 1-2/2^n$ usw. Natürlich liegen einige dieser Zahlen außerhalb des Einheitsintervalls, aber wir können den Maßstab ändern, so dass sie sich einem dyadischen Intervall anpassen, das p/q enthält und strikt zwischen 0 und 1 liegt.   □

Quelle: 13. Gesamtsowjetischer Mathematikwettbewerb, Tiflis 1979.

Bruchzahlen addieren

Wir verwenden vollständige Induktion und halten fest, dass die Behauptung für $n = 2$ wahr ist. Wenn wir von n zu $n + 1$ übergehen, gewinnen Sie $1/pn$ für jedes p mit $(p, n) = 1$ hinzu und verlieren $1/pq$ für jedes p und q mit $(p, q) = 1$ und $p + q = n$. Deshalb stellt jedes Paar p, q, das die Bedingungen des Rätsels erfüllt, einen Verlust von $1/pq$ dar, aber einen Gewinn von $1/pn + 1/qn = 1/pq$, was sich sauber aufhebt. □

Quelle: 3. Gesamtsowjetischer Mathematikwettbewerb, Kiew 1969.

Im Kreis subtrahieren

Ein Vertretungslehrer in Mathematik an der Fair Lawn Senior High School in New Jersey erzählte mir, dass sich ein Kriegsgefangener des Zweiten Weltkriegs mit dem Versuch unterhielt, verschiedene Folgen von vier Zahlen daraufhin zu untersuchen, wie lang er sie mit den genannten Rechenoperationen am Leben halten konnte.

Eine Betrachtung von Werten modulo 2 löst beide Probleme. In dem Fall $n = 4$ verwandeln sich, bis auf die Rotationen und Reflexionen, 1 0 0 0 und 1 1 1 0 in 1 1 0 0, dann 1 0 1 0, dann 1 1 1 1, dann 0 0 0 0. Da damit alle Fälle abgedeckt sind, können wir für natürliche Zahlen folgern, dass höchstens vier Schritte nötig sind, um alle Zahlen geradzahlig zu machen; an diesem Punkt können wir durch die größte gemeinsame Potenz von 2 teilen, bevor wir fortfahren. Da der Wert M der größten Zahl in der Folge niemals größer werden kann und mindestens einmal alle vier Schritte um einen

Faktor von 2 fällt, muss die Folge schließlich nach höchstens $4(1 + \lceil \log_2 M \rceil)$ Schritten 0 0 0 0 erreichen.

Auf der anderen Seite läuft für $n = 5$ die Folge 1 1 0 0 0 (bezogen entweder auf binäre oder normale Zahlen) den Weg über 1 0 1 0 0, 1 1 1 1 0, 1 1 0 0 0. □

Eine kleine Analyse mittels Polynomen zu den natürlichen Zahlen modulo 2 zeigt, dass entscheidend ist, ob n eine Potenz von 2 ist.

Wenn die Beschränkung auf ganze Zahlen gelockert wird, dann gibt es unglaublicherweise eine (bis auf Rotationen, Reflexionen und Skalierung) *eindeutige* Folge von vier positiven reellen Zahlen, die nicht enden, wie kürzlich von Antonio Behn, Chris Kribs-Zaleta und Vadim Ponomarenko in *American Mathematical Monthly*, Bd. 112 #5 (Mai 2005), S. 426–439, gezeigt wurde.*

Gewinn und Verlust

Dieses Rätsel lehnt sich an eines an, das 1977 auf der Internationalen Mathematikolympiade auftauchte und von einem vietnamesischen Verfasser stammt; Dank an Titu Andreescu und Philippe Fondanaiche, die mir davon berichteten. Die Lösung unten stammt jedoch von mir.

Wir benötigen natürlich nun eine Zahlenfolge von maximaler Länge, deren Teilabschnitte von der Länge 8 jeweils eine Summe größer als 0 aufweisen und deren Teilabschnitte von der Länge 5 jeweils eine Summe kleiner als 0 haben. Der Teilabschnitt muss mit Sicherheit endlich lang sein, sogar kürzer als 40, denn ansonsten könnte man die Summe der ersten 40 Einträge als die (positive) Summe von fünf Teilabschnitten der Länge 8 sowie der (negativen) Summe von acht Teilabschnitten der Länge 5 ausdrücken.

---

* Anmerkung des Verlags: Diese Folge lautet $1\ x\ x^2\ x^3$ mit $1 + x + x^2 = x^3$, s. Spektrum der Wissenschaft, Juli 2004.

Lassen Sie uns das Problem etwas allgemeiner angehen. Es sei $f(x,y)$ die Länge des größten Teilabschnitts, so dass jeder x-Teilabschnitt eine positive und jeder y-Teilabschnitt eine negative Summe hat; wir können davon ausgehen, dass $x > y$. Wenn x ein *Vielfaches* von y ist, dann gilt $f(x,y) = x-1$, und wir müssen uns mit einer nichts sagenden Wahrheit in Bezug auf die x-Teilabschnitte zufrieden geben.

Was ist, wenn $y = 2$ und x ungerade sind? Dann können Sie einen Teilabschnitt der Länge x selbst erhalten, wobei die Eintragungen zwischen $x - 1$ und $-x$ alternieren. Aber Sie können nicht $x + 1$ Zahlen erreichen, weil in jedem x-Teilabschnitt die ungeraden Eintragungen positiv sein müssen (da sie ihn mit 2-Teilabschnitten abdecken können, wenn Sie jede ungerade Eintragung auslassen). Aber es gibt zwei x-Teilabschnitte, und beide implizieren, dass beide mittleren Zahlen positiv sind, was ein Widerspruch ist.

Eine Verallgemeinerung dieser Argumentation legt nahe, dass $f(x,y) \leq x + y - 2$, wenn x und y relativ prim sind, das heißt keinen gemeinsamen Teiler außer 1 haben. Wir können dies durch vollständige Induktion wie folgt zeigen: Nehmen wir das Gegenteil an, dass wir einen Teilabschnitt der Länge $x + y - 1$ haben, der die gegebenen Bedinungen erfüllt. Schreiben Sie $x = ay + b$, wobei $0 < b < y$, und betrachten Sie die letzten $y + b - 1$ Zahlen der Folge. Sie stellen fest, dass jeweils b aufeinanderfolgende Zahlen davon als x-Teilabschnitt der Gesamtfolge ausgedrückt werden können, wobei a y-Teilabschnitte entfernt werden; deshalb ist die Summe positiv. Auf der anderen Seite kann jeder $(y-b)$-Teilabschnitt der letzten $y + b - 1$ als $a + 1$ y-Teilabschnitte ausgedrückt werden, wobei ein x-Teilabschnitt entfernt wird und somit eine negative Summe entsteht. Es folgt, dass $f(b, y-b) \geq y + b - 1$, aber dies widerspricht unserer Induktionsannahme, weil b und $y - b$ relativ prim sind.

Um zu zeigen, dass $f(x, y)$ tatsächlich gleich $x + y - 2$ ist,
wenn x und y relativ prim sind, konstruieren wir einen Abschnitt, der die erforderlichen Eigenschaften und mehr aufweist: Wir benötigen nur zwei verschiedene Werte und eine
Periodizität mit den Perioden von *sowohl x als auch y*. Nennen Sie die beiden Werte u und v, und stellen Sie sich zunächst vor, dass wir sie willkürlich den ersten y Einträgen auf
unserem Abschnitt zuweisen.

Dann werden diese Zuweisungen bis zum Ende des Ab-
schnitts wiederholt, und er wird damit in y zwangsweise periodisch. Um in x ebenfalls periodisch zu sein, müssen wir
nur sicherstellen, dass die letzten $y - 2$ Einträge mit den ersten $y - 2$ zusammenpassen, was $y - 2$ Gleichungen zur Folge
hat. Daher können wir sichergehen, dass es mindestens ein
u und ein v gibt.

Lassen Sie uns das am Beispiel $x = 8$ und $y = 5$ durchführen. Bezeichnen Sie die ersten fünf Einträge mit $c_1, \ldots, c_5$, so
dass der Abschnitt selbst $c_1 c_2 c_3 c_4 c_5 c_1 c_2 c_3 c_4 c_5 c_1$ lautet. Damit
er periodisch mit der Periode 8 ist, muss $c_4 = c_1$, $c_5 = c_2$
und $c_1 = c_3$ gelten. Das erlaubt uns, beispielsweise $c_1 = c_3 =
c_4 = u$ und $c_2 = c_5 = v$ zu erhalten; die gesamte Folge ist
deshalb *uvuuvuvuuvu*.

Wenn wir zu allgemeinen x und y zurückkehren, dann stellen
wir fest, dass ein Abschnitt, der in x periodisch ist, automatisch die Eigenschaft besitzt, dass jeder x-Teilabschnitt dieselbe Summe hat; denn bewegen Sie den Teilabschnitt einen
Schritt zu einem Zeitpunkt weiter, dann ist der Eintrag an
dem einen Ende der gleiche wie der Eintrag am anderen Ende. Natürlich trifft das Gleiche auf die y-Teilstrecken zu, wenn
der Abschnitt in y periodisch ist.

Es sei S_x die Summe des x-Teilabschnitts und S_y gleichermaßen; wir behaupten $S_x / x \neq S_y / y$. Der Grund liegt darin:
Gäbe es, sagen wir, p Kopien von u in jedem x-Teilabschnitt
und q Kopien von v in jedem y-Teilabschnitt, dann würde

$S_x/x = S_y/y$ implizieren, dass $y(pu + (x - p)v) = x(qu + (y - q)v)$, was sich auf $yp = xq$ reduzieren lässt. Da x und y relativ prim sind, kann dies für $0 < p < x$ und $0 < y < q$ nicht eintreten.

Es folgt, dass wir u und v anpassen können, so dass S_x positiv und S_y negativ ist. Im obigen Fall enthält zum Beispiel jeder 8-Teilabschnitt fünf Kopien von u und drei von v, wohingegen jeder 5-Teilabschnitt drei Kopien von u und zwei von v enthält. Setzen wir $u = 5$ und $v = -8$, erhalten wir $S_x = 1$ und $S_y = -1$. Die endgültige Folge, die das Ausgangsproblem löst, lautet dann 5, −8, 5, 5, −8, 5, −8, 5, 5, −8, 5. □

Der fleißige Leser wird es nicht schwer finden, die obige Argumentation auf den Fall zu verallgemeinern, in dem x und y einen größten gemeinsamen Teiler $ggT(x, y)$ ungleich 1 besitzen. Das Ergebnis ist $f(x, y) = x + y - 1 - ggT(x, y)$.

Erste ungerade Zahl im Wörterbuch

Hier geht es um ein sorgfältiges und systematisches Studium von aufeinanderfolgenden Zahlwörtern. Die erste Zahl ist natürlich „eight", das erste verfügbare Wort (oder der erste Suffix für „eight") ist „billion". Unsere Zahl muss also mit „eight billion" beginnen. Indem wir in dieser Weise fortfahren, erhalten wir als Antwort 8,018,018,885: „eight billion, eighteen million, eighteen thousand, eight hundred eighty-five". □

Die Idee für dieses verrückte Rätsel kam mir, als mich Herb Wilf (Universität von Pennsylvania) nach der ersten Primzahl im Wörterbuch fragte. Diese Frage wird dem Computerguru Donald Knuth von der Stanford-Universität zugeschrieben. Wenn man so argumentiert wie oben und das Ganze vom Computer überprüfen lässt, kommt man zum Ergebnis 8,018,018,881.

Wenn Sie Gefallen an diesem Rätsel finden, dann überlegen Sie doch einmal, wie die erste ungerade Zahl und die erste Primzahl in einem fiktiven deutschen Wörterbuch lauten würden.

3 Kombinatorik

*Falschheit umfasst eine Unendlichkeit an
Kombinationen, Wahrheit hat aber nur eine
Seinsweise.*

Jean-Jacques Rousseau

Wenn ein Rätsel mit dem Satz „Wie viele Möglichkeiten gibt
es …" beginnt, ist es automatisch kombinatorisch, das Umgekehrte gilt aber nicht. Kombinatorisches Denken ist für die
folgende (ziemlich bunt gemischte) Sammlung an Rätseln
nützlich, aber auch für viele andere Rätsel in diesem Buch.

Unsere Einstiegsaufgabe ist klassischer Natur und verwendet die grundlegendste der kombinatorischen Techniken:
Multiplikation der Anzahl der Möglichkeiten.

Anordnung von Ziffern

Wie viele Möglichkeiten gibt es, die Zahlen 0 bis 9 in eine Zeile zu schreiben, so dass sich jede Zahl, außer der ganz linken,
um eins von einer der Zahlen zu ihrer Linken unterscheidet?

Lösung: Auf den ersten Blick scheint das Problem für die Multiplikation von Möglichkeiten nicht zugänglich zu sein, weil die Anzahl der Möglichkeiten von den vorherigen Entscheidungen abhängt. Zum Beispiel gibt es zehn Möglichkeiten für die Zahl ganz links; schreiben wir links aber „3" hin, dann gibt es für die nächste Zahl zwei Wahlmöglichkeiten. Beginnen wir mit „0" oder „9", dann gibt es nur eine Wahl. Wenn Sie wissen, wie man Binomialkoeffizienten aufsummiert, dann können Sie gleichwohl das Problem in dieser Weise analysieren. Es gibt aber einen besseren Weg.

Beachten wir, dass die Folge auf „0" oder „9" enden muss, und gehen wir *von rechts nach links*, dann haben wir stets die Wahl zwischen der größten oder der kleinsten noch nicht verwendeten Zahl – bis wir natürlich zum linken Ende kommen, wo diese beiden Wahlmöglichkeiten zusammenfallen.

Deshalb gibt es zwei Wahlen bei jeder der neun Stellen. Es folgt, dass die Gesamtzahl der Möglichkeiten $2^9 = 512$ beträgt. □

Quelle: Ein Putnam-Examen aus den 1960er Jahren. Mehr Lösungen finden sich in einem Artikel von Sol Golomb aus dem Jahr 1985 in *Mathematics Magazine*.

Die restlichen Lösungen sind Ihre Aufgabe. Ein Hinweis: Halten Sie Ihre Augen offen für weitere Anwendungen des Schubfachprinzips.

Teilmengen von Teilmengen

Beweisen Sie, dass jede Menge aus zehn verschiedenen Zahlen zwischen 1 und 100 zwei disjunkte nichtleere Teilmengen mit derselben Summe besitzt.

Der bösartige Oberkellner

Auf einem Bankett anlässlich einer Mathematikkonferenz werden 48 männliche Mathematiker, von denen keiner auf dem Gebiet der Tischmanieren bewandert ist, vom Oberkellner zu ihren Plätzen an einem runden Tisch geführt. Auf dem Tisch steht zwischen je zwei Gedecken eine Kaffeetasse mit einer Stoffserviette darin. Jeder Mathematiker nimmt sich eine Serviette von links oder rechts; sind beide Servietten vorhanden, wählt er sich eine nach Belieben aus (der Oberkellner sieht aber nicht, welche er nimmt).

In welcher Reihenfolge sollten die Plätze besetzt werden, damit die Anzahl der Mathematiker, die keine Serviette mehr erhalten, maximal wird?

Händeschütteln auf einer Party

Mike und Jenene sind zu einem Abendessen mit vier weiteren Paaren eingeladen; jeder Gast schüttelt die Hand jeder Person, die er oder sie nicht kennt. Später macht Mike eine Umfrage und findet heraus, dass jeder der neun anderen Anwesenden einer *unterschiedlichen* Anzahl an Personen die Hand geschüttelt hat.

Wie vielen Personen hat Jenene die Hände geschüttelt?

Dreifache Wahl

Ashford, Baxter und Campbell kandidieren für das Amt des Geschäftsführers ihres Vereins. Am Ende der Wahl herrscht Gleichstand. Um ihn aufzulösen, bitten die drei die Wähler um ihre Zweitstimmen (die nicht mit der Erstwahl identisch sein dürfen), doch wiederum haben alle die gleiche Stimmenzahl.

Ashford tritt nun nach vorne und meint, dass aufgrund der ungeraden Anzahl an Wählern Stichwahlen möglich seien; er schlägt vor, dass die Wähler zuerst zwischen Baxter und Campbell wählen; der Gewinner werde dann in der entscheidenden Abstimmung ihm selbst gegenüberstehen.

Baxter beschwert sich, dass dieses Verfahren unfair sei, weil Ashford eine bessere Gewinnchance als die beiden anderen Kandidaten erhalte. Hat Baxter Recht?

Des Königs Lohn

Nach einer Revolution erhält jeder der 66 Einwohner eines bestimmten Landes (einschließlich des Königs) einen Lohn von einem Euro. Der König hat kein Wahlrecht mehr, aber er behält die Macht, Änderungen vorzuschlagen – und zwar der Umverteilung der Löhne. Der Lohn jeder Person muss ganzzahlig sein, und die Summe der Löhne muss 66 Euro ergeben. Über jeden Vorschlag wird abgestimmt, und er wird angenommen, wenn es mehr Stimmen dafür als dagegen gibt. Jeder Wähler soll mit Ja stimmen, wenn sein Lohn erhöht werden soll, und mit Nein, wenn er verringert werden soll; ansonsten braucht er sich um eine Stimmabgabe nicht zu kümmern.

Der König ist eigennützig und schlau. Was ist der maximale Lohn, den er erhalten kann, und wie lange dauert es, bis er ihn erhält?

Eine schlecht konstruierte Uhr

Der Stunden- und der Minutenzeiger einer Uhr sind nicht zu unterscheiden. Wie viele Augenblicke gibt es während eines

Tages, in denen es unmöglich ist, die Uhrzeit von der Uhr abzulesen?

Ein verblüffender Kartentrick

David und Dorothy haben sich einen raffinierten Kartentrick ausgedacht. Während David wegschaut, sucht sich ein Fremder fünf Karten aus einem Stapel Bridgekarten aus und händigt sie Dorothy aus; sie schaut sich die Karten an, zieht eine Karte heraus und gibt die restlichen vier an David weiter. David errät korrekt, welche Karte Dorothy gezogen hat.

Wie machen sie das? Wie groß ist die größte Anzahl Karten, mit denen der Trick immer noch zuverlässig ausgeführt werden kann?

Handelsreisende

Zwischen jeweils zwei der größeren russischen Städten sind die Kosten für den Flug von der einen zur anderen Stadt fest vorgegeben. Der Handelsreisende Alexei Frugal beginnt seine Reise in Moskau und besucht alle diese Städte, wobei er immer den billigsten Flug zu der noch nicht besuchten Stadt nimmt (er muss nicht nach Moskau zurückkehren). Der Handelsreisende Boris Lavish muss ebenfalls all diese Städte besuchen, aber er startet in Kaliningrad, und seine Taktik besteht darin, in jedem Abschnitt den *teuersten* Flug zu wählen, um zur nächsten noch nicht besuchten Stadt zu fliegen.

Beweisen Sie, dass Lavishs Reise mindestens so viel kostet wie Frugals.

Beim Würfelspiel verlieren

Werden sechs Würfel geworfen, dann kann die Anzahl der unterschiedlichen Augenzahlen von 1 bis 6 reichen. Angenommen, der Croupier wirft einmal pro Minute sechs Würfel und Sie wetten bei gleichen Chancen um einen Euro, dass die Anzahl der unterschiedlichen Augenzahlen genau vier beträgt.

Wenn Sie mit 10 Euro starten: Wie lange dauert es dann durchschnittlich, bis Sie bankrott sind?

Lösungen und Kommentare

Teilmengen von Teilmengen

Dem Rätsel, das von der Internationalen Mathematikolympiade von 1972 stammt, kann man mit dem Trick beikommen, zunächst die Bedingung der Disjunktheit zu ignorieren und nur die Anzahl der Teilmengen zu zählen. Eine Menge S der Mächtigkeit 10 hat natürlich $2^{10} - 1 = 1023$ nichtleere Teilmengen; können sie alle unterschiedliche Summen haben? Die maximale Summe von bis zu zehn Zahlen zwischen 1 und 100 beträgt $100 + 99 + \cdots + 91 < 1000$, und die minimale ist natürlich 1, so dass es nach dem Schubfachprinzip zwei verschiedene Teilmengen $A \subset S$ und $B \subset S$ mit derselben Summe geben muss.

Selbstverständlich kann es sein, dass A und B nicht disjunkt sind, aber man kann einfach ihre gemeinsamen Elemente hinauswerfen; $A \setminus B$ (die Menge der Elemente, die in A sind, aber nicht in B) und $B \setminus A$ *sind* disjunkt und haben trotzdem noch dieselbe Summe. $\square$

Der bösartige Oberkellner

Dieses Problem kann auf ein besonderes Ereignis zurückgeführt werden. Der Mathematiker John H. Conway aus Princeton kam am 30. März 2001 in die Bell-Laboratorien, um ein „Allgemeines Forschungskolloquium" abzuhalten. Beim Mittagessen fand sich Ihr Autor auf dem Platz zwischen Conway und dem Computerwissenschaftler Rob Pike (jetzt bei Google) wieder, und die Servietten und Kaffeetassen waren wie in dem Rätsel angeordnet. Conway fragte, wie viele Gäste keine Servietten hätten, falls sie nach dem *Zufalls*prinzip (siehe Kapitel 10) gesetzt würden, und Pike sagte: „Hier ist eine einfachere Frage – was ist die *schlimmste* Anordnung?"

Würde der Oberkellner sehen, zu welcher Serviette der von ihm gesetzte Gast greift (Computertheoretiker würden ihn einen „adaptiven Gegner" nennen), dann lässt sich unschwer erkennen, dass die beste Strategie (sie stammt von Richard E. Stone aus Burnsville, Minnesota) die folgende ist: Nimmt der erste Gast seine rechte Serviette, dann wird der nächste Gast drei Plätze weiter rechts von ihm gesetzt, so dass die beiden Gäste zwischen ihnen eventuell den Kürzeren ziehen.

Wenn der zweite Gast die Serviette zu seiner Linken nimmt, dann bleibt einer der beiden Gäste zwischen ihnen mit Sicherheit serviettenlos. Im anderen Fall wird der dritte Gast unmittelbar links neben den zweiten Gast gesetzt, und wenn er zu seiner linken Serviette greift, dann haben wir wiederum einen serviettenlosen Gast zwischen ihnen. Folglich resultiert aus dem Überspringen von zwei Stühlen die Wahrscheinlichkeit von $3/4$, dass eine von vier Personen ohne Serviette bleibt.

Wenn der zweite Gast die Serviette zu seiner Linken ergriffen hat, dann wird ein Gast unmittelbar rechts neben ihn gesetzt; andernfalls wird ein Gast (wie zuvor beschrieben) drei Plätze weiter rechts platziert. Der Oberkellner fährt in dieser Weise fort, bis sich der Kreis geschlossen hat.

Dieses Vorgehen führt im Durchschnitt dazu, dass $3/16$ der Gäste keine Servietten bekommen. (Überspringt man jedes Mal nur einen Stuhl, wenn ein Gast zur rechten Serviette greift, ist das Ergebnis $1/6$; überspringt man mehr als zwei Plätze, resultiert daraus ebenfalls ein schlechteres Ergebnis.)

Wenn, wie in unserem Rätsel, der Oberkellner *nicht* adaptiv ist, dann besteht (so erschien es Pike und mir seinerzeit) die richtige Strategie darin, zuerst die geraden Sitzplätze zu füllen, dann die ungeraden. Jeder ungerade Gast findet mit einer Wahrscheinlichkeit von $1/4$ keine Serviette vor. Die Gesamtmenge der Personen ohne Serviette beträgt $1/8$ (6 der 48 Gäste im Durchschnitt).

Gründliches Nachdenken zeigt jedoch, dass die beste Strategie des Oberkellners darin besteht, zunächst die 0 mod 4 Plätze zu besetzen, dann die ungeraden Plätze und schließlich die 2 mod 4 Plätze. Diese Strategie benachteiligt im Durchschnitt $9/64$ der Gäste bzw. $6\frac{3}{4}$ der 48. Wir bezeichnen einen Gast als „einsam", wenn beim Setzen noch keiner seiner Nachbarn erschienen ist. Wir können annehmen, dass zuerst alle einsamen Gäste gesetzt werden; bedenken

Sie, dass es höchstens einen serviettenlosen Gast zwischen jedem aufeinanderfolgenden einsamen Gästepaar gibt.

Angenommen der Abstand zwischen zwei aufeinanderfolgenden einsamen Gästen beträgt d (das heißt, es gibt $d - 1$ Sitze zwischen ihnen). Diese Sitze werden beidseits gefüllt; angenommen, der letzte Gast zwischen den einsamen Gästen hat einen Abstand von a (nach rechts) und von b (nach links) zu den beiden, wobei $a + b = d$. Seine rechte Serviette fehlt, es sei denn, der einsame Gast zur Rechten und alle aufeinanderfolgenden Gäste dazwischen wählen ihre linken Servietten; dies geschieht mit einer Wahrscheinlichkeit von $1/2^a$. Deshalb verliert der übervorteilte Gast (er ist serviettenlos) mit einer Wahrscheinlichkeit von

$$(1 - 2^{-a})(1 - 2^{-b}) = 1 + 2^{-d} - 2^{-a} - 2^{-b},$$

die minimiert wird, wenn a und b gleich sind oder um 1 differieren.

Wenn die einsamen Gäste in einem Abstand von d zueinander sitzen, bekommen wir einen potenziellen Verlierer pro d Gästen. Wenn daher die Zahl n der Gäste ein Vielfaches von d ist, dann ist die erwartete Anzahl der Verlierer $(n/d)(1 - 2^{-\lfloor d/2 \rfloor})(1 - 2^{-\lceil d/2 \rceil})$. Man kann leicht nachprüfen, dass diese Größe nicht bei $d = 2$, wo sie $n/8$ beträgt, sondern bei $d = 4$ maximiert wird, wo sie $9n/64$ ist. □

Händeschütteln auf einer Party

Dieses Rätsel ist eine alte Kamelle und scheint auf den ersten Blick von der Sorte mit ungenügenden Informationen zu sein; wie sollten wir in der Lage sein, irgendeine Schlussfolgerung bezüglich *Jenene* zu ziehen? Die Antwort lautet, dass Jenene letztendlich die Partnerin der einzigen nicht befragten Person ist.

Da jede Person höchstens acht anderen Gästen die Hand geschüttelt hat, umfassen die neun Antworten, die Mike erhält, exakt die Zahlen zwischen 0 bis 8. Die beiden Personen (etwa *A* und *B*), die „0" and „8" antworten, müssen ein Paar sein, denn ansonsten hätte ihr Händeschütteln eines der beiden Ergebnisse vereitelt. Jetzt betrachten wir *C* und *D*, die auf die Summe „1" und „7" kommen; da *C* die Hand von *A* schütteln, aber *D* die von *B* übergehen musste, trifft die gleiche Argumentation auf sie zu. Sie müssen ein Paar sein.

In gleicher Weise müssen die Personen mit den Nummern „2" und „6" beziehungsweise „3" und „5" Paare sein. Es bleiben also Mike und Jenene übrig, die denjenigen Gästen die Hände schüttelten, die eine hohe Punktzahl erreichen. So kommt jeder genau auf das Ergebnis „4".   □

Falls Sie selbst nicht auf diese Argumentation gekommen sind, aber die Antwort 4 geraten haben, dann funktioniert Ihre Intuition gut. Wenn es eine eindeutige Antwort gibt (etwa *x*), dann muss *x* aufgrund der Symmetrie 4 sein. Angenommen, jedes Paar hätte sich (aus irgendeinem Grund) die Hände geschüttelt und Mike hätte jeden gefragt, wie viele Personen *keine* Hand geschüttelt hätten. Dann hätte die Antwort gelautet, dass Jenene $x + 1$ Hände geschüttelt hat. Wenn man aber die Rollen des Händeschüttlers und des Nichthändeschüttlers vertauscht, dann sieht man, dass $x + (x + 1) = 9$.

Eine logische Schlussfolgerung, die darauf basiert, dass das Rätsel gut ist, kann nützlich, wenn nicht sogar vollständig befriedigend sein. Martin Gardner fragte einst in einer seiner berühmten „Mathematical Games"-Kolumnen in *Scientific American*: Wenn man ein Loch von $6''$ Länge durch die Mitte einer Kugel bohrt, wie groß ist der restliche Volumeninhalt?

Scheinbar muss man zur Lösung der Aufgabe den Durchmesser des Lochs oder der ursprünglichen Kugel kennen, aber das ist nicht der Fall. Je größer die Kugel ist, umso breiter muss das Loch sein, damit es eine Länge von $6''$ hat; eine Berechnung bestätigt, dass das Volumen des restlichen Körpers, der wie ein Serviettenring geformt ist, in jedem Fall immer das gleiche ist.

Sie brauchen jedoch diese Berechnung nicht anzustellen, wenn Sie dem Rätselgeber vertrauen. Die Antwort muss für eine Kugel vom Durchmesser von $6''$ ohne Loch die gleiche sein, nämlich $\frac{4}{3}\pi 3^3 = 36\pi$ Kubikinches.

Dreifache Wahl

Baxter hat Recht – er hat sogar noch untertrieben. Wenn kein Wähler seine Meinung ändert, dann wird Ashford mit Sicherheit gewinnen! Nehmen Sie an, dass Ashfords Anhänger Baxter den Vorzug vor Campbell geben (so dass Baxter Campbell im Zweikandidatenkampf schlägt). Dann müssen Baxters Anhänger Campbell den Vorzug vor Ashford geben, denn ansonsten hätte Campbell weniger als $1/3$ der Stimmen in der zweiten Wahl erhalten; in gleicher Weise geben Campbells Anhänger Ashford den Vorzug vor Baxter. Folglich wird in diesem Fall Ashford Baxter im Zweikampf schlagen.

Wenn Ashfords Anhänger jedoch Campbell gegenüber Baxter vorziehen, dann zeigt eine symmetrische Argumentation, dass Ashford Campbell im Ausscheidungskampf schlägt. □

Dieses Rätsel, das sich der Mathematiker Ehud Friedgut für den Schulunterricht ausgedacht hat, dient als Warnung: In einigen Entscheidungsspielen steckt vielleicht mehr, als man sehen kann!

Des Königs Lohn

Dieses Rätsel wurde von Johan Wästlund von der Linköping-Universität entwickelt; es ist locker durch historische Ereignisse in Schweden inspiriert. Es gibt zwei entscheidende

Beobachtungen: 1) Der König muss zeitweise auf seinen eigenen Lohn verzichten, um seine Sache ins Rollen zu bringen, und 2) das Spiel muss die Anzahl der Lohnempfänger auf jeder Stufe reduzieren.

Der König beginnt mit dem Vorschlag, dass sich bei 33 Bewohnern die Löhne auf zwei Euro verdoppeln – auf Kosten der verbleibenden 33 (ihn selbst eingeschlossen). Als Nächstes erhöht er die Löhne von 17 der 33 Lohnempfänger (auf drei oder vier Euro), während er die verbleibenden 16 auf 0 Euro reduziert. In den folgenden Runden fällt die Anzahl der Lohnempfänger auf 9, 5, 3 und 2. Zum Schluss besticht der König drei Arme mit jeweils einem Euro, um ihm dabei behilflich zu sein, die beiden großen Lohnbeträge auf ihn zu übertragen, so dass er am Ende über den königlichen Lohn von 63 Euro verfügt.

Es ist unschwer zu erkennen, dass der König in jeder Runde nichts Besseres tun kann, als die Anzahl der in Lohn stehenden Wähler auf etwas über die Hälfte der Lohnempfänger in der Runde zuvor zu reduzieren; insbesondere kann es niemals nur einen einzigen in Lohn stehenden Wähler geben. Deshalb kann der König nicht mehr als 63 Euro für sich selbst erzielen; die sechs Runden oben sind also optimal.   □

Wenn im allgemeineren Fall die ursprüngliche Zahl der Bewohner n beträgt, dann kann der König einen Lohn von $n - 3$ Euro in k Runden erreichen, wobei k die kleinste ganze Zahl größer oder gleich $\log_2(n - 2)$ ist.

T. Kyle Petersen von der Universität von Michigan berichtet, dass ein Studienanfänger (mit dem Hauptfach Geschichte!) einen schnelleren Algorithmus vorschlug, unter der Annahme, dass die Bewohner sogar dann mit Ja stimmen, wenn nur der Erwartungswert des Lohns ansteigt.

„In der Argumentation des Studenten (er hatte von dem Problem übrigens noch nie vorher gehört) schlägt der König zuerst ein Lotteriespiel vor. Einer von 33 Bewohnern wird zufällig ausgewählt und gewinnt eine Münze (die des Königs etwa), und der König erhält alle Münzen der anderen 32 Bewohner. Da der Erwartungswert bei jedem der 33 ansteigt, werden sie alle mit Ja stimmen. Nach der Maßnahme hat der König 32 Münzen, ein Bewohner hat zwei Münzen, 32 Bewohner haben eine Münze, und 32 haben keine.

Als Nächstes schlägt der König ein Lotteriespiel vor, bei dem die 32 Personen beteiligt sind, die ihr Geld im ersten Spiel verloren haben. Der König nimmt sich 31 Münzen: zum einen die beiden von dem Bewohner mit zwei Münzen, zum anderen eine Münze von 29 anderen. Danach hat der König 63 Münzen, und drei Bewohner haben jeweils eine (zwei Personen unverändert und der Gewinner der letzten Lotterie).

Zum Schluss schlägt der König eine Lotterie für vier der Verlierer vor. Er nimmt zwei Münzen für sich selbst und hat jetzt 65, und einer der vier gewinnt die letzte Münze. Aber warum hier aufhören? Der König kann sich jetzt an zwei der Verlierer wenden und ihnen vorschlagen, dass er und sie mit einem dreiseitigen Würfel um die letzte Münze spielen. Was haben sie zu verlieren? Der Vorschlag wird mit 2:1 angenommen (Widerspruch nur von dem Bewohner, um dessen Münze gespielt wird), und wenn der König gewinnt, besitzt er alles. Wenn er verliert, kann er sich zwei weitere Arme schnappen und es weiter probieren!"

Eine schlecht konstruierte Uhr

Diese reizvolle Aufgabe wurde von Andy Latto (andy.latto@ pobox.com), einem Softwareingenieur aus Boston, auf der Versammlung für Gardner IV vorgestellt, einer aus einer Reihe von Konferenzen in Atlanta zu Ehren von Martin Gardner. Sie kann mit ausreichend Sorgfalt und Geduld algebraisch oder geometrisch gelöst werden, aber es gibt einen unwiderstehlichen Papier-und-Bleistift-Beweis, den Andy von Michael Larsen erhielt, ein Mathematikprofessor an der Indiana-

Universität. Die Idee mit dem dritten Zeiger (statt einer zweiten Uhr) kam von David Gale.

Lassen Sie uns zunächst festhalten: Damit die Aufgabe einen Sinn ergibt, müssen wir annehmen, dass die Zeiger sich stetig fortbewegen und dass wir nicht entscheiden müssen, ob es sich um Vormittag oder Nachmittag handelt. Es steht fest, dass wir die Uhrzeit sagen können, wenn die beiden Zeiger übereinander stehen, auch wenn wir nicht wissen, welcher Zeiger welcher ist. Dies geschieht 22-mal am Tag, denn der Minutenzeiger vollführt 24 Umdrehungen, der Stundenzeiger nur zwei (in dieselbe Richtung).

Diese Argumentation erweist sich als nützliche Übung für den Beweis. Stellen Sie sich vor, wir fügen unserer Uhr einen dritten „schnellen" Zeiger hinzu, der um Mitternacht beginnt und sich genau 12-mal so schnell dreht wie der Minutenzeiger.

Jetzt behaupten wir, dass immer dann, wenn der Stundenzeiger und der schnelle Zeiger zusammentreffen, sich Stunden- und Minutenzeiger in einer mehrdeutigen Position befinden. Warum? Weil später der Minutenzeiger, wenn er 12-mal so weit gelaufen ist, dort sein wird, wo der schnelle Zeiger jetzt ist (und somit auch der Stundenzeiger), während der Stundenzeiger dort ist, wo der Minutenzeiger jetzt ist. Umgekehrt tauchen mit der gleichen Argumentation alle mehrdeutigen Positionen dann auf, wenn Stundenzeiger und schneller Zeiger übereinstimmen.

Deshalb brauchen wir nur berechnen, wie oft sie am Tag zusammentreffen. Der schnelle Zeiger dreht sich $12^2 \times 2 = 288$-mal am Tag, wohingegen der Stundenzeiger sich nur zweimal ganz um die Achse dreht. Das geschieht also 286-mal.

Davon fallen 22-mal auf das Zusammentreffen von Stunden- und Minutenzeiger (folglich aller drei Zeiger), weshalb 264 mehrdeutige Augenblicke übrig bleiben. □

Ein verblüffender Kartentrick

Dieser Kartentrick wird normalerweise dem Mathematiker William Fitch Cheney zugeschrieben. Für weitere Informationen seien die Leser auf einen Aufsatz von Michael Kleber in *Mathematical Intelligencer*, Bd. 24, Nr. 1 (Winter 2002), verwiesen oder auf Colm Mulcahys Artikel „Math Horizons" der Mathematical Association of America von 2003, der Spielarten dieses Tricks diskutiert.

Dorothy kommuniziert mit David nur durch die Anordnung der vier Karten, die sie ihm überreicht. Natürlich gibt es nur 4! = 24 Anordnungen und scheinbar 48 Möglichkeiten für die fünfte Karte, aber der springende Punkt ist, dass Dorothy entscheidet, welche der ursprünglich fünf Karten sie zieht.

Die einfachste mir bekannte Methode besteht darin, dass Dorothy eine Karte zieht, deren Farbe mindestens zweimal auftaucht (wiederum das Schubfachprinzip!). Angenommen, diese Farbe ist Pik, und die Karten x und y (die man sich als Zahlen zwischen As = 1 und König = 13, modulo 13 vorstellt). In der einen oder anderen Richtung müssen die Karten höchstens sechs Stellen auseinanderliegen; lassen Sie uns annehmen, dass x die „größere" sei, so dass $x - y \in \{1, 2, 3, 4, 5, 6\}$ mod 13 gilt. Deshalb könnten wir zum Beispiel $x = 3 \equiv 16$ und $y = 12$ (Pik Dame) haben, so dass $x - y \equiv 4$.

Dorothy zieht x und steckt y als erste der verbleibenden vier. Sie ordnet die drei anderen Karten in der Weise an, dass dadurch die Differenz $x - y$ verschlüsselt wird. Nehmen wir zum Beispiel an, dass David und Dorothy vereinbart haben, dass die natürliche Anordnung der Karten ♣A, ♣2, ..., ♣K, ◇A, ..., ◇K, ♡A, ..., ♡K, ♠A, ..., ♠K ist. Steigen die drei Karten in der Reihenfolge an (z.B. ♣5, ♣J, ◇3), dann gilt $x - y = 1$; nennen Sie dies die „123"-Anordnung. Wir weisen $x - y = 2$ „132" zu, $x - y = 3$ „213", $x - y = 4$ „231", $x - y = 5$ „312" und schließlich $x - y = 6$ „321".

Es braucht einige Übung, um den Trick reibungslos durchzuführen.

Bedenken Sie, dass es eine Schwäche in dem Plan gibt: Wenn
weniger als vier Farben unter den fünf Karten sind, die Dorothy erhält, dann hat sie mindestens zwei Möglichkeiten für
die Kartenwahl. Es ist normal zu fragen, um wie viel größer
ein Stapel noch sein könnte; tatsächlich sind 124 Karten das
Maximum, bei dem der Trick klappt.

Um zu verstehen, warum kein besseres Ergebnis möglich
ist, stellen Sie sich vor, dass die Karten von 1 bis n durchnummeriert sind und dass die Funktion f jedem geordneten 4-Tupel (u, v, y, z) mit verschiedenen Einträgen die fünfte
Karte x zuweist, die David durch einen Blick auf das 4-Tupel
ableiten soll. Damit der Trick funktioniert, muss Dorothy in
der Lage sein, bei jeder gegebenen Menge S mit fünf Zahlen aus $\{1, \ldots, n\}$, ein 4-Tupel (u, v, y, z) zu finden, so dass
$S = \{u, v, y, z, f(u, v, y, z)\}$. Folglich muss die gesamte Anzahl
an 4-Tupeln mindestens gleich der gesamten Anzahl an Mengen der Größe 5 sein, das heißt

$$n(n-1)(n-2)(n-3) \geq \binom{n}{5},$$

was $n - 4 \geq 5!$, $n \geq 124$ impliziert.

Diesen Trick mit den Karten $1, \ldots, 124$ tatsächlich durchzuführen, ist überraschend einfach. Hier ist eine Methode,
die mir von Elwyn Berlekamp vorgeschlagen wurde. Angenommen, die gewählten Karten sind $c_1 < c_2 < \cdots < c_5$;
Dorothy zieht Karte c_j, wobei j die Summe der Werte aller
fünf Karten modulo 5 ist. Wenn David auf die verbleibenden
vier schaut, deren Summe (zum Beispiel) s modulo 5 beträgt,
dann muss er eine Zahl x finden, so dass $x \equiv -s + k \bmod 5$,
wenn x gleich c_k ist.

Mit anderen Worten, entweder ist x kleiner als jede Karte von David und erfüllt $x \equiv -s + 1 \bmod 5$; oder sie ist größer als die kleinste Karte, aber kleiner als die folgende, und erfüllt $x \equiv -s + 2 \bmod 5$ usw. Aber das bedeutet nichts anderes als $x \equiv -s + 1 \bmod 5$, wenn die verbleibenden 120 Karten von 1 bis 120 umnummeriert werden, indem die Lücken geschlossen werden, die durch Davids vier Karten gerissen wurden.

Da genau $120/5 = 24 = 4!$ Zahlen von 1 bis 120 einen gegebenen Wert modulo 5 haben, können wir sauber die Möglichkeiten für x kodieren, indem wir die vier Karten von David permutieren. ☐

David Feldman von der Universität von New Hampshire hat darauf hingewiesen, dass man das Ergebnis des Rätsels Benzinmangel aus Kapitel 1 verwenden kann, um den Trick mit den 124 Karten durchzuführen.

Stellen Sie sich die Karten als 124 Tankstellen auf einer ringförmigen Einbahnstraße um ein kleines Land herum vor. Die Auswahl von fünf Karten bedeutet, nur fünf Tankstellen mit jeweils 124/5 Gallon Benzin aufzufüllen; die restlichen bekommen nichts.

Sie möchten, wie zuvor, die gesamte Strecke abfahren, wobei Sie mit einem großen, aber leeren Tank starten. Die vorangegangene Argumentation und die Tatsache, dass fünf und 124 keinen gemeinsamen Divisor haben, zeigt, dass es eine eindeutig zu benennende Tankstelle gibt, von der man starten muss; natürlich ist es eine der fünf, die Benzin hat. Dies ist die Karte, die fehlt.

Es ist aber nicht schwer zu sehen, dass die Kenntnis der anderen vier gefüllten Tankstationen die möglichen Startpunkte auf exakt 24 eingrenzt.

Handelsreisende

Dieses Rätsel vom 11. Gesamtsowjetischen Mathematikwettbewerb 1977 in Tallinn ist verzwickt. Offensichtlich gibt Lavish mindestens so viel Geld für die Flüge aus wie Frugal! Aber wie soll man das beweisen?

Am besten scheint man zu zeigen, dass für jedes k der $k$te billigste Flug (nennen wir ihn f), den Lavish antritt, mindestens so teuer ist wie der $k$te billigste Flug von Frugal. Dies scheint eine stärkere Behauptung zu sein, als gefordert war, aber so ist es nicht; falls es ein Gegenbeispiel gäbe, könnten wir die Flugkosten ohne Änderung der Reihenfolge in der Weise anpassen, dass Lavish weniger zahlt als Frugal.

Der Einfachheit halber stellen wir uns vor, dass Lavish die Städte von Westen nach Osten besucht. Es sei F die Menge der k billigsten Flüge, X seien die Abflugstädte für diese Flüge und Y die Ankunftsstädte. Wir halten fest, dass sich X und Y überlappen können.

Ein Flug sei „billig", wenn seine Kosten nicht größer als f sind; wir möchten zeigen, dass Frugal mindestens k billige Flüge nimmt. Bedenken Sie, dass jeder Flug nach Osten aus einer Stadt in X billig ist, denn ansonsten wäre er von Lavish genommen worden anstatt des billigen Flugs aus F, den er in Wirklichkeit nahm.

Nennen Sie eine Stadt „gut", falls Frugal sie mit einem billigen Flug verlässt, ansonsten ist sie „schlecht". Wenn alle Städte in X gut sind, sind wir fertig; Frugals Abflüge aus diesen Städten stellen k billige Flüge dar. Andernfalls sei x die westlichste schlechte Stadt in X; wenn Frugal nach x kommt, dann hat er bereits jede Stadt östlich von x besucht, ansonsten könnte er billig aus x abgeflogen sein. Aber dann hätte jede Stadt östlich von x, als sie von Frugal besucht wurde, ihren billigen Flug nach x verfügbar gemacht, also sind alle gut. Insbesondere sind alle Städte in Y östlich von x gut, so wie alle Städte in X westlich von x; das sind k gute Städte insgesamt. □

Dank an Bruce Shepherd von den Bell-Laboratorien, der mir bei der obigen Lösung geholfen hat. Wir wissen nicht, welche Lösung der Erfinder der Aufgabe im Auge hatte.

Beim Würfelspiel verlieren

Hier handelt es sich natürlich um einen Trick. Im Durchschnitt wird es ewig dauern, bis Sie erledigt sind – das Spiel ist zu Ihrem Vorteil! Mir fiel diese der Vernunft zuwiderlaufende Tatsache vor einigen Jahren auf, als ich Hausaufgaben für meinen Anfängerkurs in Wahrscheinlichkeitsrechnung an der Emory-Universität erstellte.

Es gibt $6^6 = 46\,656$ Möglichkeiten, einen Würfel zu werfen. Damit vier verschiedene Zahlen erscheinen, benötigt man entweder das Muster AABBCD oder AAABCD. Es gibt

$$\binom{6}{2} \cdot \binom{4}{2} / 2 = 45$$

Möglichkeiten für das erste Muster, wobei die Buchstaben gleicher Anzahl in alphabetischer Reihenfolge aufgeführt werden: zum Beispiel AABBCD, ABABCD, ACDABB, aber nicht BBAACD oder AABBDC.

Für das zweite Muster gibt es $\binom{6}{3} = 20$ Möglichkeiten.

In beiden Fällen gibt es $6 \cdot 5 \cdot 4 \cdot 3 = 360$ Möglichkeiten, den Buchstaben Zahlen zuzuordnen; die Gesamtzahl der Würfe beträgt $360 \cdot 65 = 23\,400$. Deshalb beträgt die Gewinnwahrscheinlichkeit $23\,400/46\,656 = 50{,}154321\%$. □

Wenn Sie Wetten mit diesem Spiel gewinnen, vergessen Sie nicht, 5% Ihres Gewinns an mich zu schicken, c/o A K Peters.

4 Wahrscheinlichkeit

*Der menschliche Geist wurde von der Evolution
entwickelt, damit er die Nahrungssuche in kleinen
Gruppen in der afrikanischen Savanne bewältigt
… Wenn man unseren Geist kritisiert, weil wir zu
Glücksspielen neigen, ist das genauso, als wolle
man beklagen, dass unsere Handgelenke schlecht
eingerichtet sind, um sich aus Handfesseln zu
befreien.*

Steven Pinker, How the Mind Works

Jeden Tag ist die Wahrscheinlichkeit um uns. Sie bildet die
Grundlage des Studiums der Statistik, die in der heutigen
Gesellschaft eine gewaltige Rolle bei der Entscheidungsfin-
dung spielt. Der historische Ursprung der Wahrscheinlich-
keitstheorie liegt jedoch im Glücksspiel und in Gedanken-
experimenten wie denen, die Sie hier sehen werden.

Wahrscheinlichkeitsrätsel können der Intuition geradezu ver-
heerend zuwiderlaufen. Schauen Sie sich einmal die folgende
vernünftig klingende Frage an:

Russisches Roulette in der Gruppe

In einem Zimmer befinden sich n bewaffnete und zornige Personen. Bei jedem Glockenschlag wirbelt jeder herum und schießt auf eine beliebige andere Person. Die Getroffenen fallen tot um, und die Überlebenden schießen beim nächsten Glockenschlag wieder zufällig auf eine Person. Schließlich sind alle tot, oder es gibt einen einzelnen Überlebenden.

Was ist die Grenzwahrscheinlichkeit, dass es einen Überlebenden gibt, wenn n wächst?

Lösung: Erstaunlicherweise tendiert diese Wahrscheinlichkeit zu keinem Grenzwert. Wenn n wächst, verändert sich die Wahrscheinlichkeit meist fast unmerklich, aber unerbittlich gemäß dem Nachkomma-Anteil des natürlichen Logarithmus von n.

Eine einfachere Fassung des Problems erhält man, wenn man n Münzen wirft und dabei alle aussortiert, die „Kopf zeigen". Dies wird so lange fortgesetzt, bis eine oder keine Münze übrig bleibt. Shuguang Li bewies 1998 in seiner Dissertation an der Universität von Georgia, dass die Wahrscheinlichkeit, dass keine Münze übrig bleibt, sich keiner Grenze nähert, wenn n anwächst.   □

Ähnliche Ergebnisse findet man bei H. Prodinger, „How to Select a Loser", in *Discrete Math* 120 (1993) S. 149–159, oder in einem Artikel von Jayadev S. Athreya und Lukasz M. Fidkowski (beide zurzeit noch Studenten) in *Integers*, Bd. 0 (2000).

Unser Eingangsrätsel ist zwar ehrenwert, aber doch dem berühmten Monty-Hall- oder Ziegenproblem sehr verwandt (siehe unten), welches vor einem Jahrzehnt einen bemerkenswerten Sturm der Irritationen und Auseinandersetzungen erzeugte.

Die andere Seite der Münze

Drei Münzen (eine mit einem Kopf auf jeder Seite, eine mit Zahl auf jeder Seite und eine normale Münze) werden in einen Beutel gelegt. Dann wird zufällig eine Münze gezogen und geworfen. Sie zeigt „Kopf". Wie groß ist die Wahrscheinlichkeit, dass auch die andere Seite der Münze Kopf zeigt?

Lösung: Die gezogene Münze ist offensichtlich entweder die normale Münze oder die mit den zwei Köpfen; also ist die Wahrscheinlichkeit gleich groß, dass die andere Seite Kopf oder Zahl zeigt – richtig? Falsch. Man kann folgendermaßen darüber nachdenken: Wenn es die normale Münze gewesen wäre, könnte sie auch „Zahl" gezeigt haben, wogegen die Münze mit den beiden Köpfen keine Wahl gehabt hätte; daher spricht die Wahrscheinlichkeit für die zweiköpfige Münze. Dieser Gedanke ist Bridge-Spielern (und war vor 100 Jahren auch Whist-Spielern) als das „Prinzip der eingeschränkten Wahl" bekannt.

Um es deutlicher zu machen: Nehmen wir an, die Münze wird zehnmal geworfen und zeigt jedesmal „Kopf". Es *könnte* sich immer noch um die gewöhnliche Münze handeln, aber wir würden natürlich vermuten, dass es die zweiköpfige Münze ist. Diese Vermutung ist aber auch schon nach einem einzigen Wurf naheliegend.

Eine Methode, um die Chancen in einfacher Weise zu berechnen, besteht darin, sich die sechs *Seiten* der Münzen mit folgenden Bezeichnungen vorzustellen: $H1$ und $H2$ bei der zweiköpfigen Münze, $T1$ und $T2$ bei der Münze mit zwei Zahlen sowie $H3$ und $T3$ bei der normalen Münze. Wenn eine Münze gezogen und geworfen wird, dann besitzt jede der sechs Seiten die gleiche Wahrscheinlichkeit, oben zu liegen. Von den drei Köpfen weisen $H1$ und $H2$ auch auf der anderen Seite einen Kopf auf; also beträgt die erwünschte Wahrscheinlichkeit 2/3.   □

Quelle: Keine Ahnung. Ich habe dieses Experiment häufig durchgeführt, als ich an den Universitäten von Stanford und Emory elementare Wahrscheinlichkeitsrechnung lehrte.

Das Monty-Hall-Problem entstammt der Fernsehsendung *Let's Make a Deal*, bei der (einige) Kandidaten aufgefordert wurden, eine von drei Türen auszuwählen, hinter denen sich ein wertvoller Preis verbarg. Der Showmaster Monty Hall, der wusste, wo sich der Preis befand, öffnete statt der ausgewählten eine zweite Tür: Da war nichts. Die Kandidaten hatten dann die Möglichkeit, bei ihrer ursprünglichen Wahl zu bleiben oder sich für die dritte Tür zu entscheiden. Als Kind sah ich mir die Show gelegentlich an, und ich kann mich erinnern, dass das Publikum zu ungefähr gleichen Teilen dem Kandidaten „BLEIBEN!" oder „WECHSELN!" zurief.

Natürlich wäre der Wechsel richtig gewesen. Wenn man das Spiel 300-mal spielt, dann wird zu Beginn die richtige Tür ungefähr 100-mal gewählt; die 200 anderen Spiele werden von den Kandidaten gewonnen, die wechseln!

Verzweifeln Sie bitte nicht, wenn Ihnen das alles gar zu offensichtlich vorkommt. Die folgenden Probleme werden Ihr Vertrauen in Ihre wahrscheinlichkeitstheoretische Intuition auf die Probe stellen.

Die verlorene Bordkarte

100 Personen stehen Schlange, um an Bord eines Flugzeugs zu gehen. Der erste Passagier hat jedoch seine Bordkarte verloren und setzt sich daher auf einen zufällig ausgewählten Platz. Jeder nachfolgende Passagier lässt sich auf dem für ihn reservierten Sitz nieder, wenn dieser frei ist. Ansonsten wählt er einen zufälligen nicht besetzten Platz.

Wie hoch ist die Wahrscheinlichkeit, dass der letzte Passagier, der an Bord geht, seinen reservierten Platz besetzt vorfindet?

Alle Zahlen würfeln

Wie oft muss man im Durchschnitt würfeln, bis man alle sechs
Augenzahlen gewürfelt hat?

Ungerade Serie von „Kopf"

Wie häufig muss man im Durchschnitt eine normale Münze
werfen, bis man eine ungerade Serie Kopf (also einmal, drei-
mal, fünfmal, etc.), gefolgt von Zahl, zu sehen bekommt?

Drei Würfel

Sie haben die Möglichkeit, einen Euro auf eine Zahl von 1
bis 6 zu setzen. Es werden dann drei Würfel gerollt. Wenn Ihre Zahl nicht fällt, verlieren Sie einen Euro. Wenn Ihre Zahl
einmal kommt, gewinnen Sie einen Euro, wenn sie zweimal
gewürfelt wird, beträgt der Gewinn zwei Euro und bei drei-
mal drei Euro.

Wird diese Wette zu Ihren Gunsten, unentschieden oder zu
Ihren Ungunsten ausgehen? Gibt es eine Möglichkeit, diese
Frage ohne irgendwelche Berechnungen zu entscheiden?

Magnetische Euromünzen

Eine Million magnetische Euromünzen wird auf folgende Weise in zwei Urnen geworfen: Zuerst kommt in jede Urne eine
Münze, dann werden die Münzen nacheinander in die Luft
geworfen. Wenn sich in der einen Urne x Münzen befinden
und in der anderen y, dann bewirkt der Magnetismus, dass
die nächste Münze mit der Wahrscheinlichkeit $x/(x+y)$ in der
ersten Urne landet und mit der Wahrscheinlichkeit $y/(x + y)$
in der zweiten.

Wie viel sollten Sie im Vorhinein für den Inhalt derjenigen Urne zahlen, die am Schluss weniger Euromünzen enthält?

Ein Angebot im Ungewissen

Sie haben die Möglichkeit, ein Angebot für eine Vorrichtung zu unterbreiten, deren Wert sich für den Eigentümer (so weit Sie wissen) konstant zufällig zwischen null Euro und 100 Euro bewegt. Sie wissen, dass Sie die Vorrichtung viel besser als der Eigentümer bedienen können, so dass ihr Wert für *Sie* 80% höher ist als für ihn.

Wenn Sie mehr bieten, als die Vorrichtung für den Eigentümer wert ist, dann wird er verkaufen. Aber Sie haben nur einen Versuch. Wie hoch sollten Sie bieten?

Zufällige Intervalle

Aus den Punkten $1, 2, \ldots, 1000$ auf dem Zahlenstrahl werden zufällig Paare gebildet, so dass sich 500 Intervalle ergeben. Wie hoch ist die Wahrscheinlichkeit, dass sich unter diesen Intervallen eines befindet, das alle anderen schneidet?

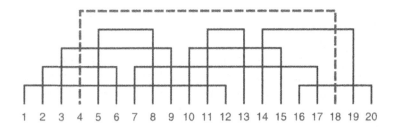

Lösungen und Kommentare

Die verlorene Bordkarte

Wir müssen lediglich beachten, dass zu dem Zeitpunkt, wenn der 100. Passagier schließlich an Bord geht, der letzte leere Sitz entweder der für ihn reservierte ist oder der, der für den ersten Passagier reserviert war. Alle anderen Sitze wurden entweder vom rechtmäßigen Eigentümer belegt oder von irgendjemand anderem, der ihm zuvorgekommen ist.

Da es zu keinem Zeitpunkt irgendeine Priorität für den einen oder den anderen dieser beiden Sitze gab, beträgt die Wahrscheinlichkeit, dass der 100. Passagier seinen eigenen Sitz bekommt, 50%.   □

Die Argumentation ist hier die gleiche, die zum Beispiel bei der Berechnung der Chancen bei dem folgenden Würfelspiel mit zwei Würfeln angewandt wird. Nachdem Sie eine bestimmte Punktzahl (4, 5, 6, 8, 9 oder 10) gewürfelt haben, machen Sie weiter, bis Sie eine 7 oder ein zweites Mal die eigene Punktzahl würfeln. Um die Gewinnwahrscheinlichkeit (also die eigene Punktzahl zu würfeln) zu berechnen, geht man davon aus, dass der nächste Wurf der letzte ist, und rechnet dementsprechend. Wenn Ihre Punktzahl zum Beispiel 5 ist, gewinnen Sie vier- von zehnmal (denn es gibt vier Möglichkeiten, eine 5 zu würfeln, und sechs für eine 7). Im Fall der verlorenen Bordkarte wird einer der ersten 99 Passagiere schließlich entweder den Sitz von P_1 oder den von P_{100} belegen, und beide Wahlmöglichkeiten weisen die gleiche Wahrscheinlichkeit auf.   □

Quelle: Mündlich. In diesem Fall hörte ich auf der Versammlung für Gardner V von dem Problem; Ander Holroyd stellte die vorliegende Version zur Verfügung. Mehr über die Quellen für dieses Problem findet man in *The College Math Journal*, Bd. 34, #4 (September 2003), S. 332–333.

Alle Zahlen würfeln

Dieses klassische Rätsel veranschaulicht zwei wichtige Prinzipien: die mittlere Wartezeit und die Addition der Erwartungswerte. Nehmen Sie an, Sie wiederholen einen Versuch, dessen Erfolgswahrscheinlichkeit p beträgt; wie lange müssen Sie im Durchschnitt warten, bis Sie Erfolg haben? Sie können diesen Wert als Summe berechnen:

$$\sum_{n=1}^{\infty} n(1-p)^{n-1} p = 1/p \; .$$

Dies ist jedoch aus dem Blickwinkel der Intuition nicht sehr befriedigend. Es ist besser, sich vorzustellen, dass der Versuch n-mal wiederholt wird, wobei n so groß ist, dass sich der Bruchteil der Treffer beliebig nah p annähert (Gesetz der großen Zahl). Man kann sich diese n Versuche als pn separate Versuchsreihen vorstellen, von denen alle mit einem Erfolg abschließen; ihre durchschnittliche Länge beträgt $n/(np) = 1/p$.

Das Rätsel erfordert, dass alle sechs Zahlen gewürfelt werden; der Schlüssel liegt darin, diesen Prozess in sechs Stufen zu zerlegen. Die durchschnittliche Zeit, die erforderlich ist, um alle Stufen zu vollenden, ist dann die Summe der Durchschnittszeiten der Stufen. Wenn Sie die *Anzahl* der verschiedenen gewürfelten Zahlen im Auge behalten, wissen Sie, dass dieser Wert mit 1 beginnt (nach dem ersten Wurf) und jeweils um einen Schritt steigt, bis er 6 erreicht. Wir definieren die „Stufe k" als den Zeitraum, in dem wir $k - 1$ unterschiedliche Zahlen gesehen haben und darauf warten, die $k$te zu sehen.

Die Erfolgswahrscheinlichkeit während Stufe k ist ganz einfach die Anzahl der Zahlen, die wir nicht gesehen haben, nämlich $n - (k-1)$, geteilt durch 6; daher ist die durchschnittliche Länge von Stufe k $6/(n - k + 1)$. Daraus folgt, dass die Durchschnittszeit für den gesamten Prozess

$$\frac{6}{6} + \frac{6}{5} + \frac{6}{4} + \frac{6}{3} + \frac{6}{2} + \frac{6}{1} = 14,7$$

beträgt. □

Vielleicht ist es die Anmerkung wert, dass es ein ganz anderer Versuch wäre, wenn man mit sechs Würfeln gleichzeitig spielte und darauf wartete, dass bei einem dieser Mehrfachwürfe alle sechs Zahlen gleichzeitig fielen. Die Erfolgswahrscheinlichkeit beträgt hier $6 \cdot 5 \cdot 4 \cdot 3 \cdot 2 \cdot 1/6^6$ (vergleichen Sie hierzu das letzte Problem aus Kapitel 3), was 0,0154321 ergibt; die durchschnittliche Wartezeit beträgt also die immense Anzahl an 64,8 Versuchen, obwohl Sie bei einem Versuch alle sechs Würfel werfen!

Ungerade Serie von „Kopf"

Dieses Rätsel wurde in den frühen 1980er Jahren für eine Mathematikolympiade vorgeschlagen, aber nicht verwendet (siehe Murray Klamkins *International Mathematical Olympiads 1979–1985*, Mathematical Association of America, 1986). Es ist ein nettes Gegenstück zum vorangegangenen Rätsel, erfordert aber mehr Nachdenken.

Wenn wir die Wahrscheinlichkeit berechnen, bis wir eine ungerade Anzahl an Köpfen (H), gefolgt von einer Zahl (T), werfen, erhalten wir $\Pr(HT) + \Pr(HHHT) + \Pr(HHHHHT) + \cdots = (\frac{1}{2})^2 + (\frac{1}{2})^4 + (\frac{1}{2})^6 + \cdots = \frac{1}{3}$. Wenn wir keinen Erfolg haben, bedeutet das, dass wir eine Zahl nach einer geraden Anzahl von Köpfen geworfen haben, und wir müssen von vorne beginnen. Auf diese Weise werden wir im Durchschnitt drei

Versuche dieser Art benötigen. Wir wollen aber Würfe zählen, nicht Versuche.

Zum Glück können wir einen Vorteil aus einer anderen Tatsache ziehen, was Erwartungswerte angeht: Wenn wir eine zufällige Anahl n von Elementen nehmen, deren Durchschnittsgröße s beträgt, dann ist die durchschnittliche Gesamtgröße der Elemente s-mal so groß wie die Durchschnittsgröße von n. Jeder unserer Versuche (ob nun erfolgreich oder nicht) ist beendet, wenn die erste Zahl geworfen wird. Somit beträgt die durchschnittliche Zahl an Würfen pro Versuch $1/\frac{1}{2} = 2$. Daraus folgt, dass die Lösung des Rätsels $2 \cdot 3 = 6$ Würfe ist.   □

Es gibt aber noch einen anderen und schöneren Weg, dieses spezielle Rätsel zu knacken. Nehmen wir an, x sei die Antwort. Wenn wir mit T oder HH anfangen, dann sind wir immer noch mit einem Durchschnitt von x weiteren Würfen konfrontiert, bevor wir Erfolg haben. Wenn wir mit HT beginnen, dann haben wir bereits gewonnen. Daher gilt

$$x = \frac{1}{2} \cdot (1 + x) + \frac{1}{4} \cdot (2 + x) + \frac{1}{4} \cdot 2,$$

was zum Ergebnis $x = 6$ führt.

Drei Würfel

Diese Wette kann man tatsächlich in einigen Kasinos eingehen. In Amerika heißt sie Chuck-a-Luck („Glückswurf") oder Bird Cage („Vogelkäfig"), da die Würfel üblicherweise in einem Käfig geworfen werden. Man kann mit Recht annehmen, dass die Tatsache der Existenz dieser Wette allein schon einen Beweis (und zwar ohne jede Berechnung) darstellt, dass die Wette das Kasino bevorteilt.

Aber es gibt auch eine ziemlich nette mathematische Methode, dies herauszufinden; man kann sie auch auf andere

Glücksspiele anwenden. Stellen Sie sich vor, dass sechs Spieler jeweils einen Euro auf verschiedene Zahlen wetten; dann wird gewürfelt. Das Haus verliert nie! Wenn drei verschiedene Zahlen gewürfelt werden, dann gibt das Haus lediglich die drei Euro der Verlierer an die Gewinner weiter. Ansonsten gewinnt das Haus vier oder fünf Euro, während es nur drei Euro auszahlen muss. □

Das Spiel geht also zugunsten des Kasinos aus, wenn die Spieler auf diese Art wetten. Heißt dies aber, dass das Haus *immer* gewinnt? Das heißt es. Eine Wette begünstigt das Haus oder nicht, unabhängig davon, wer wie viel bietet.

Natürlich ist es nicht schwierig, direkt zu bestimmen, dass Chuck-a-Luck ein Verlustangebot ist. Die Wahrscheinlichkeit, dass man beim Würfeln drei verschiedene Zahlen erhält, beträgt $6 \cdot 5 \cdot 4/6^3 = 5/9$, und in diesem Fall ist es ausgeglichen, denn die Wahrscheinlichkeit, dass die Zahl eine von den dreien ist, beträgt $1/2$. Mit der Wahrscheinlicheit $1/36$ haben alle drei Würfel dieselbe Zahl; in diesem Fall gewinnt der Wetter drei Euro mit der Wahrscheinlichkeit $1/6$ und verliert einen Euro in allen anderen Fällen, was einen durchschnittlichen Verlust von 1€/3 ergibt. In den verbleibenden $5/12$ der Zeit gewinnt der Wettende 2€ mit der Wahrscheinlichkeit $1/6$, 1€ mit der Wahrscheinlichkeit $1/6$, und er verliert seinen 1€ mit der Wahrscheinlichkeit $2/3$, so dass sich ein durchschnittlicher Verlust von 1€/6 ergibt. Zusammenfassend hat der Wettende also einen erwarteten Verlust von $1/36 \cdot 1/3 + 5/12 \cdot 1/6 = 17/216$ Euro oder ungefähr acht Cent bei einer Wette von einem Euro.

Man kann das Spiel auch sehr leicht fair gestalten, indem der Wetter drei Euro statt zwei Euro erhält, wenn er zwei Treffer hat, und fünf Euro statt drei Euro, wenn alle drei Würfel gewinnen.

Dieses Rätsel erschien in *Sam Loyd's Cyclopedia of 5000 Puzzles, Tricks, and Conundrums*, herausgegeben von Sam

Loyd II, 1914. Sam Loyd senior (1841–1911) wird den meisten Lesern als großartiger Showmaster und Amerikas größter Rätselmacher bekannt sein.

Magnetische Euromünzen

Die meisten Menschen vermuten, dass die Urne mit der geringeren Anzahl an Euros sehr wenig wert sein wird. Bei einem Essen in einem Restaurant mit lauter Mathematikern war vor Kurzem nur einer bereit, 100 Euro zu bieten. Niemand sonst ging höher als zehn Euro.

Tatsächlich aber ist diese Urne im Durchschnitt mindestens eine Viertelmillion Euro wert. Die Wahrscheinlichkeitsverteilung der Endmenge beider Urnen ist exakt eine Gleichverteilung: Die Wahrscheinlichkeit, dass die erste Urne zum Beispiel einen Euro enthält, ist die gleiche wie die, dass 451 382 Euro darin sind.

Man kann dies leicht durch Induktion beweisen, aber ich finde die folgende Analogie zum Kartenmischen befriedigender. Stellen Sie sich einen Stapel von 999 999 Karten vor, von denen nur eine rot ist. Wir werden den Stapel auf die folgende Weise perfekt durchmischen. Legen Sie die rote Karte auf den Tisch. Jetzt nehmen Sie (irgendeine) nächste Karte und legen sie mit gleicher Wahrscheinlichkeit über oder unter die rote Karte. Die nächste Karte hat drei mögliche Positionen; wählen Sie eine mit gleicher Wahrscheinlichkeit aus, und fügen Sie die Karte ein. Nach dem Einfügen der letzten Karte liegt ein perfekt zufälliger Stapel auf dem Tisch.

Bitte beachten Sie aber: Wenn $x - 1$ Karten über der roten Karte und $y - 1$ unter ihr liegen, dann wird die nächste Karte mit der Wahrscheinlichkeit $x/(x + y)$ obenauf gelegt. Daher funktionieren die oberen Karten wie die Euros (außer dem ersten) in der ersten Urne und die Karten darunter wie die Euros in der zweiten Urne.

Da im fertigen Stapel die rote Karte mit gleicher Wahrscheinlichkeit in jeder beliebigen Höhe liegt, folgt daraus die Gleichmäßigkeit der Verteilung der Euromünzen. □

Das Rätsel (das Paradoxon?) der magnetischen Euromünzen wird manchmal nach dem verstorbenen großen Mathematiker und Rätselliebhaber George Polya „Polyas Urne" genannt (siehe hierzu N. Johnson und S. Kotz, *Urn Models and Their Applications: An Approach to Modern Discrete Probability Theory*, Wiley, New York, 1977). Es ist nicht schwer zu begründen, dass, wenn unendlich viele Euromünzen in die Luft geworfen werden, der Anteil der Euros, der in die erste Urne fällt, sich mit der Wahrscheinlichkeit 1 einem Grenzwert annähert, der gleichverteilt im Einheitsintervall liegt.

Ein Angebot im Ungewissen

Sie sollten nicht bieten. Wenn Sie x € bieten, dann ist der erwartete Wert der Vorrichtung für den Eigentümer, angenommen er verkauft, $x/2$ €; daher ist der Erwartungswert für Sie, wenn Sie die Vorrichtung erhalten, $1,8 \cdot x/2$ € $= 0,9x$ €. Daher verlieren Sie im Durchschnitt Geld, wenn Sie gewinnen, und natürlich verlieren oder gewinnen Sie nichts, wenn Sie nicht bieten. Also wäre es dumm zu bieten. □

Quelle: Maya Bar Hillel, Universität von Jerusalem.

Zufällige Intervalle

Dieses Problem hat eine eigenartige Geschichte. Ein Kollege, Ed Scheinerman von der John-Hopkins-Universität, und ich benötigten die Antwort, um den Durchmesser eines zufälligen Intervallgraphen berechnen zu können. Zuerst berechneten wir einen asymptotischen Wert von 2/3. Später fanden wir durch eine Menge unerfreulicher Integrationsberechnungen heraus, dass die Wahrscheinlichkeit, ein Intervall zu finden, das alle anderen schneidet, *genau* 2/3 beträgt – und zwar für jede Anzahl an Intervallen (von 2 an aufwärts).

Der folgende kombinatorische Beweis wurde von Joyce Justicz gefunden, die damals ein Hauptseminar bei mir an der Emory-Universität belegte. Nehmen wir an, die Endpunkte der Intervalle würden aus $\{1, 2, \ldots, 2n\}$ ausgewählt. Wir benennen die Punkte $A(1)$, $B(1)$, $A(2)$, $B(2)$, $\ldots$, $A(n-2)$, $B(n-2)$ wie folgt rekursiv. Die Punkte $\{n+1, \ldots, 2n\}$ seien die *rechte Seite* und $\{1, \ldots, n\}$ die *linke Seite*. Zuerst setzen wir $A(1) = n$; $B(1)$ ist der Partner. Nehmen wir an, wir hätten bis hinauf zu $A(j)$ und $B(j)$ Etikettierungen vergeben, wobei $B(j)$ auf der linken Seite ist; dann wird $A(j+1)$ als der linkeste Punkt auf der rechten Seite angenommen, der noch nicht etikettiert ist; $B(j+1)$ ist sein Partner. Wenn $B(j)$ auf der rechten Seite ist, dann ist $A(j+1)$ der rechteste, noch nicht benannte Punkt auf der linken Seite; wiederum ist $B(j+1)$ sein Gefährte.

Wenn $A(j) < B(j)$, sagen wir, dass das $j$te Intervall „nach rechts gewandert" ist, ansonsten ist es „nach links gewandert". Punkte mit der Bezeichnung $A(\cdot)$ nennen wir *innere* Endpunkte, die anderen sind *äußere* Endpunkte.

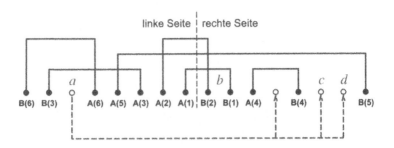

Durch Induktion kann man, wenn die Etikettierungen $A(j)$ und $B(j)$ vergeben sind, leicht nachprüfen, dass entweder auf jeder Seite die gleiche Zahl an Punkten benannt wurde (im Fall $A(j) < B(j)$) oder dass links zwei Punkte mehr benannt wurden (im Fall $A(j) > B(j)$).

Wenn die Etiketten $A(n - 2)$ und $B(n - 2)$ zugewiesen sind, verbleiben vier unbenannte Endpunkte, zum Beispiel $a < b < c < d$. Wir behaupten, dass von den drei gleich wahrscheinlichen Möglichkeiten, sie zu Paaren zu ordnen, zwei zu einem „großen" Intervall führen, das alle anderen schneidet; für die dritte Möglichkeit gilt dies nicht.

Im Fall $A(n - 2) < B(n - 2)$ haben wir a und b links und c sowie d rechts, sonst ist nur a links. In beiden Fällen liegen alle inneren Endpunkte zwischen a und c, sonst wäre einer von ihnen etikettiert. Daraus folgt, dass das Intervall $[a, c]$ mit allen anderen zusammentrifft; Gleiches gilt für $[a, d]$; wenn also a nicht mit b gepaart ist, erhalten wir ein großes Intervall.

Nehmen wir demgegenüber an, die Paarung sei tatsächlich $[a, b]$ und $[c, d]$. Keines dieser Paare kann sich als großes Intervall qualifizieren, da sie einander nicht schneiden; wir vermuten, dass sich ein anderes Intervall qualifiziert, zum Beispiel $[e, f]$, das durch $A(j)$ und $B(j)$ benannt ist.

Wenn a und b links sind, dann liegt der innere Endpunkt $A(j)$ zwischen b und c, daher kann $[e, f]$ nicht sowohl $[a, b]$ als auch $[c, d]$ schneiden, was unserer Annahme widerspricht.

Da $[e, f]$ auf $[c, d]$ trifft, ist im gegenteiligen Fall f ein äußerer Endpunkt (also $f = B(j)$), und $[e, f]$ ist nach rechts gewandert; da das letzte etikettierte Paar sich nach links bewegt hat, gibt es ein $k > j$, für das $[A(k), B(k)]$ nach links gewandert ist, aber $[A(k - 1), B(k - 1)]$ ging nach rechts. Dann gilt $A(k) < n$, aber $A(k) < A(j)$, da $A(k)$ ein später benannter, linker innerer Punkt ist. Aber dann schneidet $[A(j), B(j)]$ das Intervall $[B(k), A(k)]$ trotzdem nicht, und dieser letzte Widerspruch beweist das Ergebnis. □

Bei noch etwas mehr Sorgfalt kann man diese Argumentation verwenden, um zu zeigen, dass für $k < n$ die Wahrscheinlichkeit, dass in einer Familie von n zufälligen Intervallen es mindestens k gibt, die alle anderen schneiden,

$$\frac{2^k}{\binom{2k+1}{k}}$$

beträgt, wiederum unabhängig von n. Der „Binomialkoeffizient" $\binom{n}{k}$ steht für die Anzahl der Untermengen der Größe k aus einer Menge der Größe n und ist gleich $n(n-1)(n-2)\cdots(n-k+1)/k(k-1)(k-2)\cdots 1$.

5 Geometrie

*Gleichungen sind der langweilige Teil der
Mathematik. Ich versuche, die Dinge mit Begriffen
der Geometrie zu sehen.*

Stephen Hawking (*1942)

Die klassische Geometrie in zwei oder drei Dimensionen ist
ein unerschöpflicher Quell für Problemsteller, aber damit das
Problem ein *Rätsel* wird, fordern wir, dass es nicht in Euklids
zweitem Band hätte erscheinen können. Deshalb sollen Sie
hier nicht zeigen, dass AB = CD oder dieses Dreieck zu jenem
kongruent ist.

Glücklicherweise gibt es eine Vielfalt von faszinierenden
geometrischen Rätseln, aus denen wir auswählen können.

Unser Übungsproblem erschien 1980 in einem akademi-
schen Eignungstest, aber peinlicherweise – für das Prüfungs-
team – war die Antwort, die als richtig angegeben war, falsch.
Ein selbstbewusster Student rief beim Team an, als er seinen
Test zurückerhielt. Zu unserem Glück kann sich die richtige
Antwort eines wundervollen intuitiven Beweises rühmen.

Pyramiden kleben

Eine massive Pyramide mit quadratischer Grundfläche, bei
der alle Kanten von einer Einheitslänge sind, und eine massive Pyramide mit dreieckiger Grundfläche, bei der ebenfalls
alle Kanten von einer Einheitslänge sind, werden an zwei zu-
sammenpassenden dreieckigen Flächen zusammengeklebt.
Wie viele Ebenen hat der daraus resultierende Körper?

Lösung: Die Pyramide mit quadratischer Grundfläche hat
fünf Flächen, der Tetraeder vier. Da die beiden zusammen-
geklebten dreieckigen Flächen verschwinden, besitzt der ent-
standende Festkörper $7 = 5+4-2$ Flächen – richtig? Dies war
offensichtlich die beabsichtigte Argumentationslinie. Dem
Problemsteller schien es wohl theoretisch plausibel, dass ein
Flächenpaar (eine Fläche von jeder Pyramide) beim Zusam-
menkleben zum Aneinanderliegen kommt und koplanar ist.
Die beiden Flächen würden auf diese Weise zu einer einzigen Fläche werden und die Anzahl der Flächen verringern.
Aber solch eine Koinzidenz kann *sicher* ausgeschlossen werden. Im Grunde haben die beiden Körper noch nicht einmal
dieselbe Gestalt.

Tatsächlich geschieht das (zweimal): Der zusammenge-
leimte Polyeder hat nur fünf Flächen.

Sie können dies gedanklich nachvollziehen. Stellen Sie
sich *zwei* Pyramiden mit quadratischer Grundfläche vor, die
nebeneinander auf einem Tisch stehen, wobei ihre Quadrat-
flächen unten sind und aneinandergrenzen. Jetzt ziehen Sie
eine geistige Verbindungslinie zwischen den beiden Spitzen;
beachten Sie, dass ihre Länge eine Einheit beträgt, die gleiche
Länge wie alle Pyramidenkanten.

Wir haben also zwischen den beiden Pyramiden mit
quadratischer Grundfläche in der Tat ein regelmäßiges
Tetraeder konstruiert. Die beiden Flächen, die jeweils eine
dreieckige Seitenfläche der Pyramide mit quadratischer

Grundfläche enthalten, beinhalten außerdem eine Seite des Tetraeders. Daraus folgt das Ergebnis. □

(Schauen Sie sich die Abbildung unten an, falls Sie Schwierigkeiten haben, sich dies bildlich vorzustellen.)

Diese Argumentation, die manchmal als „Pup-Tent"-Lösung bezeichnet wird, erschien 1982 in dem Artikel „The Mental Representation of Geometrical Knowledge" von Steven Young in *Journal of Mathematical Behavior*.

Doug McIlroy vom Dartmouth College erinnerte mich daran, dass die Darstellung des Originalproblems eine beschriftete Abbildung zweier Pyramiden enthielt; dort war die Rede davon, die Flächen ABC und GHI aneinanderzukleben. Bob Morris stellte fest, dass eine pflichtgemäße Interpretation der Anweisungen (klebe A auf G, B auf H, C auf I) dazu führen würde, dass der Tetraeder die Quadratpyramide durchbohrt und aus der Grundfläche herausschaut, wodurch acht Flächen entstünden!

Eines der nachfolgenden Rätsel hat einen „Beweis ohne Worte" – ein Bild genügt. Erraten Sie, welches Rätsel es ist?

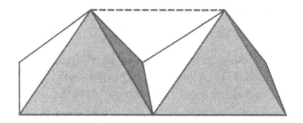

Kreise im Raum

Kann der dreidimensionale Raum in Kreise zerlegt werden?

Zauber mit Würfeln

Können Sie einen Würfel durch ein Loch in einem kleineren Würfel hindurchführen?

Rote Punkte und blaue Punkte

Gegeben seien n rote Punkte und n blaue Punkte in der Ebene, von denen nie drei auf einer Geraden liegen. Beweisen Sie, dass es eine Paarung zwischen den roten und blauen Punkten dergestalt gibt, dass sich die Strecken zwischen jedem roten Punkt und seinem zugehörigen blauen Punkt nicht schneiden.

Gerade durch zwei Punkte

Nehmen wir an, X sei eine endliche Menge an Punkten in der Ebene, die nicht alle auf einer Geraden liegen. Beweisen Sie, dass es eine Gerade gibt, die durch exakt zwei Punkte von X führt.

Paare in maximalem Abstand

Wieder sei X eine endliche Menge an Punkten in der Ebene. Wir nehmen an, X enthalte n Punkte, und der maximale Abstand zwischen zwei Punkten sei d. Beweisen Sie, dass höchstens n Punktepaare aus X die Entfernung d haben.

Ein Mönch auf dem Berg

An einem Montagmorgen beginnt ein Mönch seinen Aufstieg auf den Fujiyama. Er erreicht den Gipfel bei Einbruch der Dunkelheit. Er verbringt die Nacht dort oben und beginnt am folgenden Morgen den Abstieg. In der Abenddämmerung des Dienstags erreicht er das Tal.

Beweisen Sie, dass sich der Mönch zu einem bestimmten Zeitpunkt am Dienstag auf der gleichen Höhe wie am Montag befindet.

Einen Polyeder anmalen

P sei ein Polyeder mit roten und grünen Flächen, wobei jede rote Fläche von grünen umgeben ist; die gesamte rote Fläche ist aber größer als die gesamte grüne Fläche. Beweisen Sie, dass Sie keine Kugel in *P* einbeschreiben können.

Kreisförmige Schatten

Die Projektionen eines massiven Körpers auf zwei Ebenen ergeben perfekte Kreise. Beweisen Sie, dass sie denselben Radius haben.

Streifen in der Fläche

Ein „Streifen" sei ein Gebiet zwischen zwei parallelen Geraden in der Ebene. Beweisen Sie, dass Sie nicht die gesamte Fläche mit einer Menge an Streifen überdecken können, wenn die Summe ihrer Breiten endlich ist.

Diamanten in einem Sechseck

Ein großes, regelmäßiges Sechseck wird aus einem dreieckigen Gitternetz ausgeschnitten und mit Diamanten (Paaren aus Dreiecken, die an einer Seite zusammengeklebt sind) gekachelt. Es gibt drei Variationen von Diamanten, die sich durch ihre Orientierung unterscheiden. Beweisen Sie, dass von jeder Variation genau die gleiche Anzahl in der Kachelung enthalten sein muss.

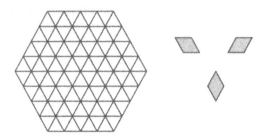

Rhombuskachelung

Wir stellen das gleiche Rätsel noch einmal, diesmal aber mit größeren Kacheln und mehr Seiten.

Bilden Sie $\binom{n}{2}$ verschiedene Rhomben aus Paaren nichtparalleler Seiten eines regelmäßigen $2n$-Ecks, und kacheln Sie dann das $2n$-Eck mit Translationen der Rhomben. Beweisen Sie, dass Sie jeden unterschiedlichen Rhombus genau einmal verwenden!

Vektoren auf einem Polyeder

Jeder Fläche eines Polyeders ordnen wir einen nach außen gerichteten Vektor zu, der senkrecht auf dieser Fläche steht und dessen Länge die gleiche Größe hat wie der Flächeninhalt dieser Seitenfläche. Beweisen Sie, dass die Summe dieser Vektoren null ist.

Drei Kreise

Der „Brennpunkt" zweier Kreise ist der Schnittpunkt von zwei Geraden, von denen jede tangential zu beiden Kreisen ist, aber nicht zwischen ihnen liegt. Daher bestimmen drei Kreise mit unterschiedlichen Radien (von denen aber keiner in einem anderen enthalten ist) drei Brennpunkte. Beweisen Sie, dass die drei Brennpunkte auf einer Geraden liegen.

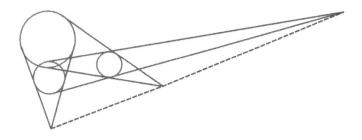

Kugel und Viereck

Bei einem räumlichen Viereck liegen alle Seiten tangential zu einer Kugel. Beweisen Sie, dass die vier Tangentialpunkte in einer Ebene liegen.

Das letzte Rätsel ist ein Ausflug in die Topologie und die unterschiedlichen Ausmaße von Unendlichkeit.

Achten in der Ebene

Wie viele disjunkte topologische „Achten" können in der Ebene gezeichnet werden?

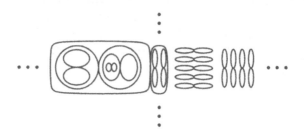

Kreise im Raum

Die Antwort lautet: Ja. Zeichnen Sie einen Kreis mit dem Radius 1 in die xy-Ebene, der Mittelpunkt sei bei Stelle 1 mod 4 auf der x-Achse (das heißt ..., $(-7,0)$, $(-3,0)$, $(1,0)$, $(5,0)$, $(9,0)$ ...). Beachten Sie, dass jede Kugel mit dem Ursprung als Mittelpunkt die Vereinigung dieser Kreise in exakt zwei Punkten schneidet. Der Rest jeder dieser Kugeln ist die Vereinigung von Kreisen.   □

Es gibt noch andere Möglichkeiten, das Rätsel zu lösen, zum Beispiel indem man Tori einbezieht, aber ich kenne nichts, was der Lösung oben an Eleganz und Einfachheit auch nur annähernd gleichkommt.

Dieses hübsche Zerlegungsrätsel habe ich zuerst von Nick Pippenger, Professor der Computerwissenschaften an der Princeton-Universität, gehört.

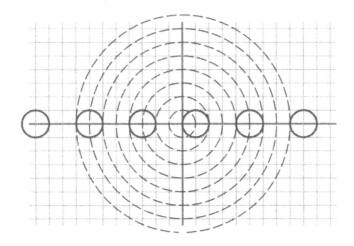

Zauber mit Würfeln

Das ist möglich. Um einen Einheitswürfel durch ein Loch in einem zweiten Einheitswürfel hindurchzuführen, reicht es, eine Querschnittsfläche im (zweiten) Würfel zu ermitteln, der *in seinem Inneren* ein Einheitsquadrat enthält. Im zweiten Würfel kann man ein quadratförmiges Loch mit einer Seitenlänge von etwas mehr als 1 machen, so dass genügend Platz ist, um den ersten Würfel hindurchzuführen.

Sie können das Gleiche sogar mit kleineren Toleranzen durchführen, falls der zweite Würfel nur ein wenig kleiner ist als der Einheitswürfel.

Die einfachste Querschnittsfläche (aber nicht die einzige), mit der man dies ausprobieren kann, ist das regelmäßige Sechseck, das man erhält, wenn man durch drei Eckpunkte und den Schwerpunkt schneidet. Sie können dieses Sechseck sehen, wenn Sie den Kubus so betrachten, dass einer der Eckpunkte im Zentrum ist.

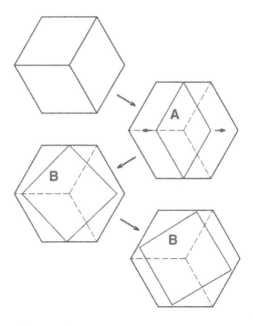

A sei die Projektion einer der sichtbaren Oberflächen auf die Ebene. Wir beobachten dann, dass seine lange Diagonale dieselbe Länge ($\sqrt{2}$) hat wie die eines Einheitsquadrats, da diese Strecke nicht perspektivisch verkürzt wurde. Wenn wir eine Kopie von A auf das Zentrum des Sechsecks verschieben und sie dann verbreitern, so dass sie ein Einheitsquadrat B bildet, dann werden die erweiterten Ecken von B die Eckpunkte des Sechsecks nicht erreichen (da der Abstand zwischen gegenüberliegenden Eckpunkten eines Sechsecks größer ist als der Abstand zwischen gegenüberliegenden Seiten).

Daraus folgt: Wenn wir jetzt B leicht neigen, liegen alle vier Ecken genau innerhalb des Secksecks.   □

Dieses bezaubernde Rätsel erschien in einem Artikel von Martin Gardner. Gregory Galperin von der Eastern Illinois University hat mich an es erinnert.

Rote Punkte und blaue Punkte

Wählen Sie aus den Paarungen eine aus, bei der die Gesamtlänge der n Verbindungsstrecken möglichst klein ist; wir behaupten, dass es hier keine Überschneidungen gibt. Denn wenn der Abschnitt *uv* den Abschnitt *xy* schneidet, dann sind diese beiden Segmente die Diagonalen des konvexen Vierecks *uyxv*; indem wir die Dreiecksungleichung anwenden, können wir sehen, dass die Verwendung der Seiten *uy* und *xv* die Gesamtlänge verringert hätte. □

Die hier verwendete Technik, nämlich das Auffinden eines Objekts mit spezifischen Eigenschaften durch die Suche nach etwas, das irgendeinen Parameter minimiert oder maximiert, wird manchmal als *Variationsmethode* bezeichnet; sie ist, wie Sie wohl wissen, extrem nützlich. Im nächsten Rätsel kommt ein weiteres Beispiel für diese Methode vor.

Quelle: Problem A-4 der Putnam-Prüfungen 1979.

Gerade durch zwei Punkte

Dieses berühmte Rätsel ist eine Vermutung von Silvester 1893. Als Erster bewies es Tibor Gallai, aber den folgenden Beweis, der 1948 von L. M. Kelly (*American Mathematical Monthly*, Bd. 55) gefunden wurde, bezeichnete Paul Erdős oft als ein Beispiel aus dem „BUCH".*

Wir führen einen indirekten Beweis und nehmen an, dass jede Gerade durch zwei oder mehr Punkte von X mindestens

---

* Wie viele von Ihnen sicher wissen, sprach der verstorbene große Mathematiker Paul Erdős oft von einem Buch, das Gott besitzt und in dem die besten Beweise jedes Theorems verzeichnet sind. Ich stelle mir vor, dass Erdős jetzt das Buch voller Freude liest. Wir anderen aber müssen noch warten. (Anmerkung des Verlags: Eine „bescheidene Annäherung" daran ist „Das BUCH der Beweise" von Martin Aigner und Günter M. Ziegler, Springer, 2003.)

drei Punkte von X enthält. Die Idee besteht darin, eine Gerade L und einen Punkt P, der nicht auf L liegt, so auszuwählen,
dass der Abstand von P zu L der minimale Abstand all derar-
tiger Punkt-Gerade-Paare ist.

Da L laut Voraussetzung mindestens drei Punkte aus X
enthält, liegen zwei von ihnen, zum Beispiel Q und R, auf
derselben Seite der Lotgeraden von P auf L. Wenn aber R der
entferntere Punkt ist, dann ist der Punkt Q näher an der Geraden durch P und R als P an L – ein Widerspruch.   □

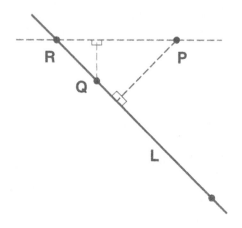

Paare in maximalem Abstand

Um dieses Rätsel aus den Putnam-Prüfungen von 1957 zu lösen, ist es nützlich, Folgendes zu beachten: Wenn A, B und
C, D zwei „maximale Paare" sind (Punktepaare aus X mit der
Entfernung d), dann müssen sich die Geradenabschnitte AB
und CD schneiden (ansonsten wäre eine der Diagonalen des
Vierecks $ABDC$ länger als d).

Jetzt nehmen wir an, die Behauptung des Rätsels sei falsch und n sei die Größe eines kleinsten Gegenbeispiels. Da es mehr als n maximale Paare gibt, die aus jeweils zwei Punkten bestehen, muss es einen Punkt P geben, der an drei maximalen Paaren beteiligt ist (beispielsweise an den Punkten A, B und C). Je zwei der Abschnitte PA, PB und PC weisen bei P höchstens einen Winkel von 60° auf, und einer von ihnen, beispielsweise B, muss zwischen den anderen liegen.

Aber damit wird es für B ziemlich schwer, zu einem anderen maximalen Paar zu gehören, denn wenn BQ ein maximales Paar wäre, dann müsste es sich sowohl mit PA als auch mit PC schneiden – eine Unmöglichkeit. Daher können wir B ganz und gar aus X herausnehmen, wodurch wir nur ein maximales Paar verlieren und ein kleineres Gegenbeispiel erhalten. Dieser Widerspruch vollendet den Beweis. □

Ein Mönch auf dem Berg

Der vielleicht leichteste Weg zur Lösung ist, sich vorzustellen, der Mönch habe einen Zwillingsbruder, der angewiesen wird, den Berg am Dienstag auf genau die gleiche Weise zu besteigen, wie der Mönch dies am Montag getan hat. Der Mönch muss seinen Bruder am Dienstag beim Abstieg treffen, oder (falls sie nicht den gleichen Weg nehmen) er muss zu einem bestimmten Zeitpunkt auf gleicher Höhe wie sein Bruder sein. □

(Vielleicht fanden Sie dieses Rätsel zu leicht – keine Angst: Eine viel schwerere Version wartet in Kapitel 10 auf Sie.)

Man kann dieses klassische Rätsel als Anwendung des sehr nützlichen Zwischenwertsatzes betrachten, der besagt, dass eine stetige Funktion alle Zwischenwerte annehmen muss. In diesem Fall kann die Funktion als Differenz zwischen der

Höhe, die der Mönch zu einer bestimmten Tageszeit am Montag erreicht hat, und derselben Zeit am Dienstag genommen werden; die Funktion beginnt mit negativen Werten (bei ungefähr minus der Höhe des Fujiyama) und endet positiv; zu einem bestimmten Zeitpunkt muss sie also null betragen haben.

Sie können sich das geometrisch so vorstellen, dass die Höhe, die der Mönch an einem Tag erreicht, jeweils als Graph aufgezeichnet wird. Die beiden Graphen werden dann übereinandergelegt. Es muss einen Punkt (oder mehrere Punkte) geben, wo sie sich kreuzen.

Andere berühmte Anwendungen des Zwischenwertsatzes beinhalten die Einbeschreibung des Michigan-Sees in ein Quadrat oder das Durchschneiden eines Schinkensandwichs (mit einem planaren Schnitt), so dass Brot, Schinken und Käse sämtlich exakt halbiert werden.

Einen Polyeder anmalen

Nehmen wir an, die Kugel sei einbeschrieben. Wir triangulieren die Flächen von P, indem wir die Punkte verwenden, an denen die Kugel tangiert wird. Dann sind die Dreiecke auf jeder Seite von jeder Kante von P kongruent, haben also denselben Flächeninhalt; höchstens eines der Dreiecke eines jeden Paares ist rot. Daraus folgt, dass die rote Fläche der grünen höchstens gleich ist, was unserer Vermutung widerspricht.   □

Dieses Rätsel erhielt ich von Emina Soljanin von den Bell-Laboratorien. Die Abbildung zeigt eine zweidimensionale Version, in der die Seiten und Eckpunkte eines Vielecks die Stelle der Flächen und Kanten von P einnehmen.

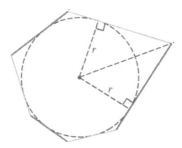

Kreisförmige Schatten

Dieses möglicherweise frustrierende Rätsel entstammt dem
5. Sowjetischen Mathematikwettbewerb 1971 in Riga. Es gibt
einen leichten Weg, Ihrer Intuition auf die Sprünge zu helfen: Wählen Sie eine Ebene aus, die zu den beiden Projekti-
onsebenen gleichzeitig senkrecht steht, und bewegen Sie von
beiden Seiten parallele Kopien dieser Ebene in Richtung des
Körpers. Sie treffen auf den Körper an den gegenüberliegenden Rändern jeder Projektion, so dass der Abstand zwischen
den parallelen Flächen gleich dem gemeinsamen Durchmesser der zwei projizierten Kreise ist.   □

Streifen in der Fläche

Auch dieses Problem, das einem frühen Putnam-Examen entstammt, präsentiert wie das vorige eine „intuitiv offensichtliche" Tatsache, die Sie beweisen sollen.

Da es schwierig ist, unendliche Flächen zu vergleichen, ist es
sinnvoll, sich auf einen endlichen Teil der Fläche zu konzentrieren. Wir können die jeweiligen Winkel der Streifen nicht
kontrollieren; daher ist es logisch, eine Kreisscheibe D mit
dem Radius r zu betrachten.

Wir nehmen an, die Streifen hätten die Breiten $w_1, w_2, \ldots,$ deren Summe 1 ergibt; es zeigt sich, dass sie D sogar im Fall $r = 1$ nicht bedecken können. Die Schnittmenge von D mit einem Streifen der Breite w ist in einem Rechteck der Breite w und der Länge 2 enthalten; sie hat daher eine Fläche von weniger als $2w$. Daher beträgt die Gesamtfläche innerhalb D, die von Streifen bedeckt ist, weniger als 2, die Fläche von D aber ist natürlich $\pi > 2$.   □

Diese Argumentation zeigt, dass die Summe der Streifenbreiten größer als $\pi/2$ sein muss, damit die Einheitskreisscheibe bedeckt werden kann. Aber die Summe muss sogar mindestens 2 betragen (in diesem Fall reichen parallele Streifen aus). Es gibt einen entzückenden Beweis dieser Tatsache: Ihm liegt die Idee zugrunde, das Rätsel auf den dreidimensionalen Raum zu erweitern, in dem D die Querschnittsfläche durch das Zentrum einer Einheitskugel darstellt. Nehmen Sie an, die Scheibe sei mit Streifen der totalen Breite W bedeckt; S sei einer der Streifen mit einer angenommenen Breite w. Wir können annehmen, dass entweder beide Ränder des Streifens D schneiden oder dass einer schneidet und der andere tangiert. Wenn wir S auf- und abwärts auf die Oberfläche der Kugel projizieren, dann erhalten wir einen Gürtel (oder einen Deckel), der die Kugel umgibt – und dessen Fläche, wie die Analysis zeigt, $2\pi w$ beträgt, unabhängig von der Lage des Streifens!

Da die gesamte Oberfläche der Kugel 4π beträgt, benötigen Sie $W \geq 2$, um sie zu bedecken; und wenn Sie die Oberfläche der Kugel nicht bedecken, dann bedecken Sie auch nicht die Scheibe.

Diamanten in einem Sechseck

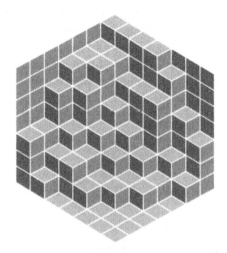

☐

Beweise ohne Worte sind inzwischen ein regelmäßiges Feature in zwei Zeitschriften der Mathematical Association of America, dem *Mathematics Magazine* und dem *The College Mathematics Journal*. Die Beweise sind in den Büchern *Proofs Without Words* und *Proofs Without Words II* von Roger B. Nelsen abgedruckt, die von der Mathematical Association of America herausgegeben wurden. „Diamanten in einem Sechseck" erschien im ersten Band als „The Problem of the Calissons".

Rhombuskachelung

u sei eine der Seiten des 2*n*-Ecks; ein *u*-Rhombus ist irgendeiner der *n* − 1-Rhomben, die *u* als einen ihrer beiden Vektoren verwenden. In einer Kachelung muss die Kachel, die an eine *u*-Seite angrenzt, ein *u*-Rhombus sein, genau wie die Kachel auf der anderen Seite dieser Kachel usw., bis wir die gegenüberliegende Seite des $2n$-Ecks erreichen. Beachten Sie, dass jeder Schritt auf diesem Pfad mit Bezug auf den Vektor **u** in die gleiche Richtung (also links oder rechts) weiterführt; das Gleiche gilt für jeden anderen Pfad aus **u**-Rhomben; aber dann kann es keine anderen **u**-Rhomben geben, da sie Pfade erzeugten, die nicht zu schließen wären und nirgendwo hin führen würden.

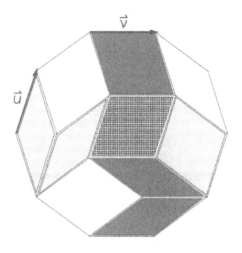

Der auf ähnliche Weise definierte Pfad für eine andere Seite **v** muss **u** kreuzen, und die geteilte Kachel besteht natürlich aus **u** und **v**. Können Sie sich zweimal kreuzen? Nein, denn bei einem zweiten Kreuzen träfen sich **u** und **v** in einem Winkel innerhalb des gemeinsamen Rhombus, der größer als π wäre.   □

Dieses Rätsel erhielt ich von Dana Randall vom Georgia Institute of Technology.

Vektoren auf einem Polyeder

Yuval Peres vom Department of Statistics der Universität von Kalifornien in Berkeley machte mich auf dieses Rätsel aufmerksam. Der leichteste Weg zu erkennen, dass sich die Vektoren auf Null summieren müssen, besteht im folgenden *Gedankenexperiment*: Pumpen Sie Luft in das (starre) Polyeder. Sie werden beobachten, dass der Druck auf eine Fläche eine Kraft ist, die in Richtung der Normalen wirkt und eine Größe proportional zur Fläche hat. Diese Drücke müssen ausbalanciert werden, ansonsten würde sich das Polyeder aus eigenem Antrieb bewegen!   □

Drei Kreise

Die drei Kreise dieses Rätsels werden manchmal „Monge-Kreise" genannt.

Der folgende Beweis, der auf der Website cut-the-knot.org Nathan Bowler vom Trinity College in Cambridge zugeschrieben wird, verwendet Kegel, die oben auf den Kreisen aufgerichtet werden. Wir nennen sie C_1, C_2 und C_3; sie sind sämtlich „rechte" Kegel, das heißt, sie besitzen 90°-Winkel an ihren Spitzen. (Eigentlich benötigen wir nur solche Kegel, die den gleichen Winkel haben.) Jedes Kegelpaar legt zwei (äußere) Tangentialflächen fest, zum Beispiel P_1 und Q_1 (für die Kegel C_2 und C_3), P_2 und Q_2 (für die Kegel C_1 und C_3) und schließlich P_3 und Q_3 (für die Kegel C_1 und C_2).

Jedes Flächenpaar P_i, Q_i schneidet sich in einer Geraden L_i, die durch die Spitzen beider tangentialer Kegel und durch den Punkt führt, an dem sich die entsprechenden Kreistangenten treffen. Daher treffen sich insbesondere L_1 und L_2 beide an der Spitze von C_3, L_1, L_3 an der Spitze von C_2 und L_2 und L_3 an der Spitze von C_1. Folglich sind die drei sich schneidenden Geraden koplanar (alle liegen auf der Ebene, die von den drei Spitzen bestimmt wird); die Schnittmenge dieser Ebene mit der Ursprungsebene der Kreise bildet eine Gerade durch die drei Brennpunkte. Wir haben es geschafft!   □

Kugel und Viereck

Ich erhielt dieses Rätsel von Tanya Khovanova, Gastmitglied im Programm für angewandte und Computermathematik an der Princeton-Universität. Sie führt eine Liste von Problemen, die sie „Särge" nennt. Sie sagt dazu selbst:

> *„Die Mathematikabteilung der Moskauer Staatsuniversität, die renommierteste Mathematikabteilung in Russland, versuchte damals [1975] aktiv, jüdische Studenten (und andere ‚Unerwünschte') an der Einschreibung in der Abteilung zu hindern. Eine ihrer Methoden bestand darin, den unerwünschten Studenten in der mündlichen Prüfung besondere Aufgaben zu geben. Diese Probleme waren sorgfältig entwickelt. Sie hatten eine einfache Lösung (so dass die Abteilung Skandale vermeiden konnte), die aber nahezu unmöglich zu finden war. Alle Studenten, die die Antwort nicht fanden, konnten leicht abgewiesen werden; das System war so eine wirksame Methode, Zulassungen zu kontrollieren. Diese Probleme wurden informell ‚Särge' genannt."*

Die folgende Lösung ist tatsächlich schwer zu finden, aber vielleicht nicht unmöglich, wenn Sie ausnutzen, dass eine nette Methode zu beweisen, dass vier Punkte koplanar sind, darin besteht, einen Punkt zu finden, der auf beiden Verbindungsgeraden der disjunkten Punktepaare der vier Punkte liegt. Beachten Sie, dass jeder Eckpunkt i des Vierecks denselben Abstand d_i von jedem der beiden benachbarten Tangentialpunkte hat. Wir schreiben dem Eckpunkt i eine Masse $1/d_i$ zu; dann ist das Massezentrum für zwei beliebige benachbarte Eckpunkte der Tangentialpunkt ihrer gemeinsamen Seite. Daraus folgt, dass das Massezentrum aller vier Eckpunkte auf der Geraden liegt, die die gegenüberliegenden Tangentialpunkte verbindet. Mit diesem Punkt haben wir unser Ziel erreicht. □

Achten in der Ebene

Dieses Rätsel gibt es bereits seit ungefähr 50 Jahren; ich habe gehört, es sei dem verstorbenen großen Topologen R. L. Moore von der Universität von Texas zuzuschreiben. Falls Sie mit unterschiedlichen Abstufungen von „Unendlichkeit" nicht vertraut sind, verwirrt Sie das Rätsel vielleicht. Es ist aber klar, dass Sie unendlich viele disjunkte Achten in die Ebene zeichnen können (zum Beispiel dadurch, dass Sie eine kleine Acht innerhalb jedes Kastens eines Quadratgitters einfügen). Von solch einer Menge sagt man, sie sei „abzählbar"; das bedeutet, dass man die Achten mit natürlichen Zahlen in der Weise abzählen kann, dass jede Acht eine andere Zahl erhält.

Die Menge aller ganzen Zahlen, die Menge aller *Paare* von ganzen Zahlen und daher die Menge aller rationalen Zahlen ist abzählbar, aber wie der brillante, jedoch häufig depressive Mathematiker Georg Cantor 1878 beobachtete, ist die Menge aller *reellen* Zahlen *nicht* abzählbar. Wir könnten konzentrische Kreise mit allen möglichen positiven Durchmessern auf die Fläche zeichnen; wenn das Rätsel nach Kreisen statt nach Achten fragte, wäre die Antwort „überabzählbar viele" oder genauer „die Kardinalität der reellen Zahlen".

Dennoch können wir nur abzählbar viele Achten zeichnen. Ordnen Sie jeder Acht ein Paar rationaler Punkte zu (Punkte auf der Fläche, bei denen beide Koordinaten rationale Zahlen sind), wobei in jeder Schleife ein Punkt liegt. Keine zwei Achten können ein gemeinsames Paar von Punkten haben. Deswegen ist die Kardinalität unserer Menge an Achten nicht größer als die Menge von Paaren von Paaren rationaler Zahlen, die abzählbar ist.   □

In Kapitel 10 findet sich eine trickreichere Version dieses Rätsels.

6 Spiele

*Geld war nie eine große Motivation für mich,
es sei denn als Methode, um den Spielstand zu
registrieren. Der wirkliche Reiz besteht darin,
das Spiel zu spielen.*

Donald Trump (*1946), „Trump: Art of the Deal"

Manchmal entsteht ein wundervolles Rätsel aus der Beschreibung eines Spiels. Ist das Spiel fair? Worin besteht die beste Strategie? Eine besondere Eigenschaft der Rätsel in diesem Kapitel ist, dass es von jedem zwei Versionen mit sehr unterhaltsamen Unterschieden zwischen den beiden gibt. Wir haben es hier mit vier Arten von Spielen zu tun: Die erste handelt von Zahlen, die zweite von Hüten, die dritte von Karten und die vierte von Gladiatoren.

Wir beginnen mit einem klassischen Spiel, das für einen Kurs über randomisierte Algorithmen ein wunderbares Beispiel darstellt (und tatsächlich wurde es auch von Manuel Blum, der jetzt Professor an der Carnegie-Mellon-Universität ist, in diesem Sinne eingesetzt).

Zahlen vergleichen, Version I

Paula (die Täterin) nimmt zwei Zettel und schreibt auf jeden
eine ganze Zahl. Es gibt keine Einschränkungen für diese beiden Zahlen; sie müssen lediglich unterschiedlich sein. Dann
verbirgt sie in jeder Hand einen Zettel.

Victor (das Opfer) wählt eine Hand aus. Paula öffnet die
Hand, so dass Victor die Zahl auf dem Blatt Papier sehen
kann. Victor muss nun raten, ob diese Zahl die größere oder
die kleinere von Paulas Zahlen ist. Wenn er richtig rät, gewinnt er einen Euro; ansonsten verliert er einen Euro.

Natürlich kann Victor in diesem Spiel Gleichstand erreichen, indem er beispielsweise eine Münze wirft, um sich für
„größer" oder „kleiner" zu entscheiden. Die Frage ist: Wenn
er Paulas Psyche nicht kennt, gibt es dann eine Möglichkeit,
mehr als ein Unentschieden zu erreichen?

Zahlen vergleichen, Version II

Jetzt machen wir es Victor viel leichter: Statt von Paula werden die Zahlen jetzt unabhängig und zufällig aus der gleich-
mäßigen Verteilung [0,1] ausgewählt. (Zwei Ergebnisse von
einem standardisierten Zahlengenerator reichen völlig aus.)

Um Paula zu entschädigen, erlauben wir ihr, die beiden
Zufallszahlen anzuschauen und *zu entscheiden, welche Victor sehen darf*. Wieder muss Victor bei einem Spieleinsatz
von einem Euro entscheiden, ob die Zahl, die er zu sehen
bekommt, die größere oder kleinere ist. Kann er mehr als ein
Unentschieden erreichen? Worin bestehen seine und Paulas
beste (das heißt „ausgeglichene") Strategien?

Rote und blaue Hüte, Version I

Jedes Mitglied in einem Team mit n Spielern trägt einen roten oder blauen Hut; jeder Spieler sieht die Hutfarbe seiner Mannschaftskameraden, aber nicht die eigene. Es ist keine Kommunikation erlaubt. Auf ein Signal hin raten alle Spieler gleichzeitig die Farbe des eigenen Hutes; alle Spieler, die falsch geraten haben, werden exekutiert.

Das Team hat im Wissen, dass das Spiel stattfinden wird, die Möglichkeit, eine Strategie (das heißt eine Sammlung von Regeln) zu vereinbaren – die nicht notwendigerweise für jeden Spieler identisch sein müssen –, die aber jedem Spieler – basierend auf dem, was er sieht – mitteilen, welche Farbe er raten sollte. Gegenstand ihrer Planung ist, so viele Überlebende wie möglich bei der schlechtesten denkbaren Verteilung der Hüte zu *garantieren*.

Anders gesagt: Wir können davon ausgehen, dass der Feind, der die Hüte verteilt, die Strategie des Teams kennt und sein Möglichstes tun wird, um sie zu durchkreuzen. Wie viele Spieler können gerettet werden?

Rote und blaue Hüte, Version II

Wiederum ist jeder aus einer Mannschaft von n Spielern mit einem blauen oder roten Hut ausstaffiert, aber dieses Mal stellen sich die Spieler in einer Reihe auf, so dass jeder nur die Farben der Hüte vor ihm sehen kann. Erneut muss jeder Spieler die Farbe des eigenen Hutes raten und wird exekutiert, wenn er falsch liegt. Aber dieses Mal wird nacheinander geraten – vom hinteren Ende der Reihe bis zur Spitze. Daher sieht zum Beispiel der $i$te Spieler in der Reihe die Hutfarben der Spieler $1, 2, \ldots, i-1$ und hört die Spieler $n, n-1, \ldots, i+1$ raten (aber er erfährt nicht, wer von diesen Spielern richtig geraten hat – die Exekutionen finden erst später statt).

Wie in Version I hat das Team die Möglichkeit, vor Spielbeginn eine Strategie zu entwickeln, die so viele Überlebende wie möglich garantiert. Wie viele Spieler können im schlechtesten Fall gerettet werden?

Auf die nächste Karte wetten, Version I

Paula mischt einen Stapel Karten sehr sorgfältig; dann spielt sie die Karten einzeln und offen von der Oberseite des Stapels aus. Victor kann zu jedem beliebigen Zeitpunkt Paula unterbrechen und einen Euro darauf wetten, dass die nächste Karte rot ist. Er wettet einmal und nur einmal; unterbricht er nicht, wettet er automatisch auf die letzte Karte.

Worin besteht Victors beste Strategie? Kann er viel mehr als ein Unentschieden erreichen? (Wir nehmen an, dass sich im Stapel 26 rote und 26 schwarze Karten befinden.)

Auf die nächste Karte wetten, Version II

Wieder mischt Paula sorgfältig und gibt die Karten einzeln und offen aus. Victor beginnt mit einem Einsatz von einem Euro. Er kann vor dem Aufdecken einer Karte jeden Bruchteil seines momentanen Kapitals auf die Farbe der nächsten Karte wetten. Er bekommt ungeachtet der aktuellen Zusammensetzung des Stapels bei richtig geratener Farbe den doppelten Einsatz zurück. Daher kann er bis zur letzten Karte, deren Farbe er natürlich kennt, eine Wette ablehnen. Dann setzt er alles und kann sicher sein, mit zwei Euro nach Hause zu gehen.

Gibt es eine Möglichkeit, die Victor garantiert, mit mehr als zwei Euro abzuschließen? Wenn es sie gibt, was ist dann die Höchstsumme, die Victor sicher gewinnen kann?

Gladiatoren, Version I

Paula and Victor trainieren beide eine Mannschaft von Gladiatoren. Die Gladiatoren von Paula haben die Stärken $p_1, p_2, \ldots, p_m$, Victors Gladiatoren $v_1, v_2, \ldots, v_n$. Die Gladiatoren kämpfen eins gegen eins bis zum Tod; wenn ein Gladiator der Stärke x auf einen Gladiator der Stärke y trifft, dann gewinnt ersterer mit der Wahrscheinlichkeit $x/(x+y)$ und letzterer mit der Wahrscheinlichkeit $y/(x+y)$. Wenn der Gladiator mit der Stärke x siegt, dann gewinnt er an Selbstvertrauen und übernimmt die Stärke seines Gegners, so dass sich seine eigene Stärke auf $x + y$ verbessert; wenn der andere Gladiator gewinnt, dann verbessert sich dessen Stärke auf ähnliche Weise von y auf $x + y$.

Nach jedem Kampf schiebt Paula einen Gladiator (aus denen in ihrem Team, die noch leben) nach vorne, und Victor muss einen Gladiator aus seinen Reihen aussuchen, der Paulas Gladiator entgegentritt. Die Siegermannschaft ist diejenige, die am Ende mindestens einen lebenden Gladiator übrig hat.

Was ist die beste Strategie für Victor? Wenn Paula beispielsweise mit ihrem besten Gladiator anfängt, sollte Victor dann mit einem starken oder schwachen Gladiator antworten?

Gladiatoren, Version II

Wieder müssen Paula und Victor einander im Kolosseum gegenübertreten, aber dieses Mal ist das Selbstvertrauen kein Faktor: Wenn ein Gladiator gewinnt, dann behält er seine Stärke.

Wie zuvor wählt Paula vor jedem Kampf ihren Gladiator zuerst aus. Worin besteht Victors beste Strategie? Wen sollte er einsetzen, wenn Paula mit ihrem besten Mann eröffnet?

Lösungen und Kommentare

Zahlen vergleichen, Version I

Meines Wissens stammt dieses Problem von Tom Cover aus dem Jahr 1986 (siehe „Pick the Largest Number", in *Open Problems in Communication and Computation*, hrsg. von T. Cover und B. Gopinath, Springer Verlag (1987), S. 152). Erstaunlicherweise gibt es eine Strategie, die Victor eine bessere Gewinnchance als 50% garantiert.

Vor dem Spiel wählt Victor eine Wahrscheinlichkeitsverteilung der ganzen Zahlen aus, die jeder Zahl eine positive Wahrscheinlichkeit zuweist. (Beispielsweise plant er, so lange eine Münze zu werfen, bis „Kopf" erscheint. Wenn er eine gerade Anzahl $2k$ an „Zahl" sieht, dann wählt er die ganze Zahl k; wenn er $2k - 1$-mal „Zahl" sieht, dann wählt er $-k$.)

Wenn Victor schlau ist, dann verbirgt er seine Verteilung vor Paula; wir werden aber sehen, dass Victor seine Chancen selbst dann behält, wenn Paula seine Strategie entdeckt.

Nachdem Paula ihre Zahlen ausgewählt hat, wählt Victor eine ganze Zahl gemäß seiner Wahrscheinlichkeitsverteilung und addiert $\frac{1}{2}$ hinzu; dies wird sein „Grenzwert" t. Wenn er beispielsweise unter Verwendung der obigen Verteilung fünfmal Zahl wirft, bevor Kopf kommt, dann beträgt seine Zufallszahl -3, und sein Grenzwert t ist $-2\frac{1}{2}$.

Wenn Paula ihre Hände zeigt, wirft Victor eine faire Münze, um zu entscheiden, welche Hand er wählt; dann schaut er sich die Zahl in dieser Hand an. Wenn sie größer als t ist, dann vermutet er, dass sie die größere von Paulas Zahlen ist. Ist sie kleiner als t, dann nimmt er an, dass sie die kleinere von Paulas Zahlen ist.

Warum funktioniert das? Also: Angenommen, t erweist sich als größer als beide Zahlen Paulas; dann wird Victor „kleiner" raten, gleichgültig, welche Zahl er erhält; daher wird er mit einer Wahrscheinlichkeit von genau $\frac{1}{2}$ richtig liegen. Wenn t beide Zahlen von Paula unterbietet, wird Victor zwangsläufig „größer" raten; wiederum hat er mit der Wahrscheinlichkeit $\frac{1}{2}$ Recht.

Victors Grenzwert t wird aber *mit positiver Wahrscheinlichkeit* zwischen Paulas zwei Zahlen fallen; und dann gewinnt Victor unabhängig davon, welche Hand er wählt. Diese Möglichkeit gibt Victor dann den Vorsprung, der es ihm ermöglicht, besser als 50% zu sein. □

Weder diese noch eine andere Strategie garantieren Victor für ein festes $\varepsilon > 0$ eine Gewinnwahrscheinlichkeit von größer als 50% + ε. Wenn Paula clever ist, dann wählt sie nach dem Zufallsprinzip zwei aufeinanderfolgende mehrstellige Zahlen aus. Damit kann sie Victors Vorsprung auf ein Minimum reduzieren.

Zahlen vergleichen, Version II

Es sieht so aus, als ob die Möglichkeit, die Zahl auszuwählen, die Victor sehen soll, Paula nur dürftig dafür kompensiert, dass sie die Zahlen nicht bestimmen darf. Tatsächlich ist aber *diese* Version des Spiels absolut fair: Paula kann verhindern, dass Victor überhaupt irgendeinen Vorteil bekommt.

Ihre Strategie ist einfach: Sie schaut sich die beiden Zufallszahlen an und teilt dann Victor diejenige mit, die näher an $\frac{1}{2}$ liegt.

Wir wollen nachvollziehen, warum dies Victor zu reinem Raten verurteilt: Nehmen wir an, dass die Zahl x, die ihm preisgegeben wird, zwischen 0 und $\frac{1}{2}$ liegt. Dann ist die unbekannte Zahl in der Menge $[0, x] \cup [1 - x, 1]$ gleichmäßig verteilt, und daher ist es gleich wahrscheinlich, dass sie kleiner oder größer als x ist. Wenn $x > \frac{1}{2}$, dann ist die Menge $[0, 1 - x] \cup [x, 1]$, und die Argumentation ist die gleiche.

Natürlich kann Victor die Wahrscheinlichkeit $\frac{1}{2}$ gegen jede Strategie sicherstellen, indem er die ihm gezeigte Zahl ignoriert und eine Münze wirft, so dass das Spiel vollständig fair ist.   □

Dieses amüsante Spiel lernte ich in einem Restaurant in Atlanta kennen. Es waren eine Menge kluger Leute anwesend, die alle schachmatt gesetzt wurden. Wenn es Ihnen also nicht gelungen ist, Paulas nette Strategie ausfindig zu machen, dann sind Sie in guter Gesellschaft.

Rote und blaue Hüte, Version I

Es ist nicht unmittelbar klar, dass irgendein Spieler gerettet werden kann. Oft wird als erste Strategie das „Raten der Mehrheitsfarbe" ins Auge gefasst; wenn beispielsweise $n = 10$, dann rät jeder Spieler diejenige Farbe, die er auf fünf oder mehr Hüten seiner Mannschaftskameraden sieht. Aber dies führt zu zehn Hinrichtungen, wenn die Farben 5 : 5 verteilt sind; auch die einleuchtendsten Abwandlungen dieses Schemas enden im schlimmsten Fall in einem Blutbad.

Dennoch ist es leicht, $\lfloor n/2 \rfloor$-Spieler mit folgendem Kunstgriff zu retten: Die Spieler stellen sich in Paaren auf (zum Beispiel Ehemann und -frau); jeder Ehemann wählt die Hutfarbe seiner Frau, und jede Ehefrau wählt diejenige Farbe, die sie nicht auf dem Hut ihres Gemahls sieht. Klar ist: Wenn ein Ehepaar dieselbe Hutfarbe hat, dann überlebt der Mann; ist dies nicht der Fall, dann überlebt die Ehefrau.

Wir wollen nachvollziehen, warum dies die beste Möglichkeit ist: Stellen Sie sich vor, dass die Farben gleichmäßig zufällig zugewiesen werden (etwa durch faires Werfen von Münzen) statt durch den Gegner. Unabhängig von der Strategie ist die Wahrscheinlichkeit, dass irgendein bestimmter Spieler überlebt, genau $1/2$; daher beträgt die zu erwartende Zahl der Überlebenden exakt $n/2$. Daraus folgt, dass die minimale Zahl der Überlebenden $\lfloor n/2 \rfloor$ nicht übersteigen kann. □

Rote und blaue Hüte, Version II

Diese Version der roten und blauen Hüte habe ich von Girija Narlikar von den Bell-Laboratorien erhalten, der sie wiederum auf einer Party hörte. (Die Version I war meine eigene Antwort auf Girijas Problem, wurde aber zweifellos schon früher durchdacht.) Bei der sequenziellen Version kann man leicht sehen, dass $\lfloor n/2 \rfloor$-Spieler gerettet werden können. Beispielsweise können die Spieler n, $n-2$, $n-4$ … sofort die Farbe der Spieler direkt vor ihnen nennen, so dass die Spieler $n-1$, $n-3$ … diese Farbe wiederholen und damit sich selbst retten können.

Es scheint so, als könnte eine probabilistische Argumentation wie bei der simultanen Variante auch hier funktionieren, um zu zeigen, dass $\lfloor n/2 \rfloor$ die Höchstzahl der zu Rettenden ist. Dem ist nicht so: Alle Spieler außer dem letzten können gerettet werden!

Der letzte Spieler (der arme Kerl) ruft „rot", wenn er eine ungerade Zahl roter Hüte vor sich sieht, sonst ruft er „blau". Der Spieler $n-1$ kennt jetzt die Farbe seines eigenen Hutes; wenn er beispielsweise Spieler n „rot" raten hört und eine *gerade* Zahl von roten Hüten vor sich sieht, dann weiß er, dass sein eigener Hut rot ist.

Eine ähnliche Schlussfolgerung ziehen alle Spieler die Reihe entlang. Spieler i addiert die Zahl der roten Hüte, die er sieht, und die Schätzungen „rot", die er hört; ist die Summe ungerade, rät er „rot", wenn sie gerade ist, „blau", und er hat immer Recht (solange niemand Mist baut).

Natürlich kann der letzte Spieler niemals gerettet werden, daher ist $n - 1$ das bestmögliche Ergebnis.   □

Es ist eine Anmerkung wert (danke hierfür an Joe Buhler), dass selbst dann, wenn es k unterschiedliche Hutfarben statt nur zwei gibt, lediglich der letzte Spieler in der Reihe geopfert werden muss. Der Spieler kodiert die Farben als $0, 1, 2, \ldots, k - 1$ und addiert die Anzahl der Farben aller Hüte, die er sieht, modulo k. Dann rät er die Farbe, die mit der Summe übereinstimmt, und jetzt kann jeder andere Spieler seine Hutfarbe bestimmen, indem er von dieser ersten Schätzung die Summe der Farben abzieht, die er sieht, und die Vermutungen, die er bis dahin gehört hat.

Die Strategie des letzten Spielers (im $k = 10$-Fall) könnte genau dem entsprechen, was Ihre Kreditkartenfirma tut, wenn sie die Prüfziffer am Ende Ihrer Kontonummer konstruiert.

Auf die nächste Karte wetten, Version I

Es sieht so aus, als könne Victor einen kleinen Vorteil erringen, indem er den Moment abwartet, in dem die roten Karten im Reststapel die schwarzen zahlenmäßig übertreffen, und dann seine Wette abgibt. Dieser Moment braucht natürlich nie kommen, und wenn er nie eintritt, dann verliert Victor; kompensiert dieser Fall die viel höhere Wahrscheinlichkeit, einen kleinen Vorsprung zu erlangen?

Das Spiel ist tatsächlich fair. Es gibt für Victor nicht nur keine Möglichkeit, einen Vorteil zu erlangen, es gibt für ihn auch keine Chance, einen Vorteil zu verlieren: Alle Strategien sind gleichermaßen ineffektiv.

Diese Tatsache ist eine Konsequenz des Martingale-Stopping-Time-Theorems; sie kann problemlos auch durch vollständige Induktion über die Anzahl der Karten von jeder Farbe im Stapel begründet werden. Aber es gibt noch einen anderen Beweis, den ich unten beschreiben werde und der ganz sicher in das „BUCH" gehört.

Nehmen wir an, Victor habe eine Strategie S gewählt; lassen Sie uns S auf eine leicht abgewandelte Variation von „Auf die nächste Karte wetten, Version I" anwenden. In dieser neuen Variante unterbricht Victor Paula wie zuvor, aber dieses Mal wettet er nicht auf die *nächste* Karte im Stapel, sondern stattdessen auf die *letzte*.

Natürlich weist die letzte Karte in jeder Spielsituation genau die gleiche Wahrscheinlichkeit auf, rot zu sein, wie die nächste Karte. Daher hat die Strategie S den gleichen Erwartungswert im neuen Spiel wie vorher.

Aber natürlich haben Sie als scharfsinniger Leser bereits erkannt, dass die neue Variante ein recht uninteressantes Spiel ist: Victor gewinnt, wenn die letzte Karte rot ist – unabhängig von seiner Strategie

Es gibt eine Diskussion über „Auf die nächste Karte wetten, Version I" in *Elements of Information Theory* von T. Cover und J. Thomas, Wiley (1991); sie basiert auf einem Ergebnis in T. Cover, „Universal Gambling Schemes and the Complexity Measures of Kolmogorov and Chaitin", *Statistics Department Technical Report* (Nr. 12, Stanford-Universität, Oktober 1974). □

Auf die nächste Karte wetten, Version II

Zum Schluss haben wir ein wirklich gutes Spiel für Victor. Aber kann er ohne Rücksicht darauf, wie die Karten verteilt sind, sichergehen, dass er ein besseres Ergebnis erzielt als lediglich die Verdoppelung seines Einsatzes?

Zu Beginn ist es nützlich, sich anzuschauen, welche von Victors Strategien im Sinne der „Erwartung" optimal sind. Es ist leicht zu erkennen, dass Victor, sobald alle Karten einer Farbe aus dem Stapel ausgespielt sind, für den Rest des Spiels bei jedem Zug alles setzen sollte. Wir nennen jede Strategie, die dies tut, „vernünftig". Klar ist: Jede optimale Strategie ist vernünftig.

Überraschenderweise ist auch das Gegenteil richtig: Seine Erwartung ist unabhängig von seiner Strategie die gleiche, solange er nur zur Vernunft kommt, wenn der Stapel einfarbig wird. Um dies nachzuvollziehen, betrachten Sie sich zuerst einmal die folgende *reine* Strategie: Victor stellt sich irgendeine festgelegte spezifische Verteilung der roten und schwarzen Karten im Stapel vor und wettet *alles, was er hat* auf diese Verteilung, und zwar *bei jedem Zug*.

Natürlich wird Victor fast immer mit seiner Strategie bankrottgehen, aber wenn er gewinnt, kann er die Erde kaufen – sein Gewinn beträgt dann $2^{52} \times 1$ €, ungefähr fünf Billiarden Euro. Da es $\binom{52}{26}$ Möglichkeiten gibt, mit denen die Farben im Stapel verteilt sein können, beträgt Victors mathematisch zu erwartender Gewinn 2^{52} €$/\binom{52}{26} = 9,0813$ €.

Natürlich ist diese Strategie nicht realistisch, aber sie ist nach unserer Definition „vernünftig", und, was am wichtigsten ist, *jede vernünftige Strategie ist eine Kombination reiner Strategien dieses Typs*. Man kann sich dies verdeutlichen, indem man sich vorstellt, Victor habe $\binom{52}{26}$ Studenten, die für ihn arbeiten, wobei jeder eine andere der reinen Strategien spielt.

Wir behaupten, dass jede vernünftige Strategie von Victor darauf hinausläuft, seinen ursprünglichen Einsatz von einem Euro auf diese Assistenten zu verteilen. Wenn an einem bestimmten Punkt seine kollektiven Assistenten x € auf Rot und y € auf Schwarz setzen, dann kommt dies einer Wette von Victor selbst gleich, bei der er x € $- y$ € auf Rot setzt (wenn $x > y$) und y € $- x$ € auf Schwarz (wenn $y > x$).

Jede vernünftige Strategie führt zu einer Verteilung wie folgt: Nehmen wir an, Victor wolle 0,08 Euro wetten, dass die erste Karte rot ist; dies bedeutet, dass die Assistenten, die

„rot" raten, eine Summe von 0,54 Euro erhalten, während die anderen nur 0,46 Euro bekommen. Wenn Victor nach seinem Gewinn als Nächstes vorhat, 0,04 Euro auf Schwarz zu wetten, dann weist er von der Summe 0,54 Euro den „rot-schwarzen" Assistenten 0,04 Euro mehr zu als den „rot-roten". Indem er auf diese Weise fortfährt, hat schließlich jeder Assistent seinen festgesetzten Anteil.

Nun besitzt jede konvexe Kombination von Strategien mit demselben Erwartungswert eben diesen Erwartungswert, weshalb jede vernünftige Strategie für Victor denselben erwarteten Ertrag von 9,08 Euro ergibt (mit einem erwarteten Gewinn von 8,08 Euro). Insbesondere sind alle vernünftigen Strategien optimal.

Aber eine dieser Strategien *garantiert* diese 9,08 Euro, und zwar diejenige, bei der der Wetteinsatz von 1 € zwischen den Assistenten gleichmäßig aufgeteilt wird. Da wir nie mehr als den Erwartungswert sicherstellen können, ist dies die bestmögliche Garantie. ☐

Diese Strategie ist tatsächlich recht leicht anzuwenden (wobei wir annehmen, dass der Euro unendlich teilbar ist). Wenn noch b schwarze Karten und r rote Karten im Stapel übrig sind, wobei $b \geq r$, wettet Victor einen Bruchteil $(b-r)/(b+r)$ seines gegenwärtigen Kapitals auf Schwarz; wenn $r > b$, wettet er $(r-b)/(b+r)$ seines Kapitals auf Rot.

Falls der ursprüngliche Einsatz von einem Euro *nicht* teilbar ist, sondern sich aus 100 unteilbaren Cent zusammensetzt, dann wird es komplizierter. Es erweist sich, dass sich Victor um ungefähr einen Euro schlechter stellt. Ein dynamisches Programm (das von Iona Dumitriu von der Universität von Kalifornien in Berkeley geschrieben wurde) zeigt, dass ein optimales Spiel von Victor und Paula zu einem Ergebnis von 8,08 Euro für Victor führt. Die Tabelle auf der nächsten Seite zeigt den Stand von Victors Konto zu jedem Zeitpunkt eines gut geführten Spiels. Ein Beispiel: Wenn das Spiel an einen

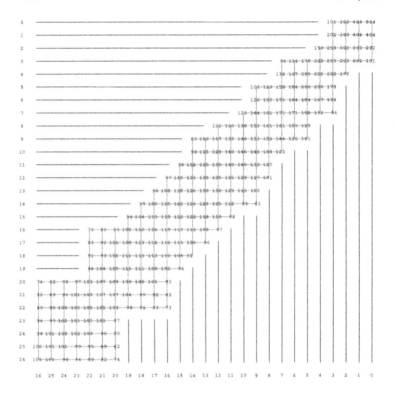

Punkt kommt, an dem noch zwölf schwarze und zehn rote Karten übrig sind, dann sollte Victor 1,29 Euro besitzen. Indem wir die Eintragungen darüber und rechts davon vergleichen, können wir sehen, dass er entweder 0,11 Euro darauf setzen sollte, dass die nächste Karte schwarz ist (in welchem Fall Paula ihn gewinnen lassen wird), oder 0,12 Euro (in diesem Fall wird er verlieren).

Bitte beachten Sie, dass Victor im „100-Cent"-Spiel dazu neigen wird, etwas konservativer zu agieren als in der stetigen Version. Wenn er sich stattdessen dafür entscheidet, immer auf die Anzahl an Cents zu setzen, die dem Bruch $(b - r)/(b + r)$ seines gegenwärtigen Bestands am nächsten kommt, wird ihn Paula in den Bankrott treiben, noch bevor der halbe Stapel abgearbeitet ist!

Ich übernahm dieses Problem von Russ Lyons von der Indiana-Universität, der es von Yuval Peres hörte, dieser wiederum von Sergiu Hart; Sergiu kann sich nicht erinnern, wo er es hörte, aber er vermutet, dass Martin Gardner vor Jahrzehnten über das Problem geschrieben hat.

Gladiatoren, Version I

Wie in der Version I von „Auf die nächste Karte wetten" sind alle Strategien für Victor gleich gut.

Um dies nachzuvollziehen, stellen Sie sich am besten vor, die Stärke sei gleichbedeutend mit Geld. Paula fängt mit $P = p_1 + \cdots + p_m$ Euro an und Victor mit $V = v_1 + \cdots + v_n$ Euro. Wenn ein Gladiator der Stärke x einen Gladiator der Stärke y schlägt, gewinnt das Team des Siegers y €, das des Verlierers büßt y € ein; die Geldmenge bleibt aber immer gleich. Schließlich wird entweder Paula mit P € $+ V$ € abschließen und Victor mit nichts oder umgekehrt.

Die Schlüsselbeobachtung besteht darin, dass jedes Spiel fair ist. Wenn Victor einen Gladiator der Stärke x gegen einen mit der Stärke y aufstellt, dann beträgt sein erwarteter Gewinn

$$\frac{x}{x+y} \cdot y\text{€} + \frac{y}{x+y} \cdot (-x\text{€}) = 0\,\text{€}.$$

Daher ist der gesamte Wettkampf fair, woraus folgt, dass Victors Erwartungswert am Schluss derselbe ist wie sein Einsatz P €. Wir haben dann

$$q(P\text{€} + V\text{€}) + (1 - q)(0\,\text{€}) = P\text{€},$$

wobei q die Wahrscheinlichkeit anzeigt, dass Victor gewinnt.

Daher $q = P/(P + V)$, und zwar unabhängig von jedweder Strategie im Wettkampf.   □

Hier ist ein anderer, mehr kombinatorischer Beweis, ersonnen von einem meiner Lieblingsmitarbeiter, Graham Brightwell von der London School of Economics. Indem wir die Approximation durch rationale Zahlen verwenden und die Nenner beseitigen, können wir annehmen, dass alle Stärken ganzzahlig sind. Jedem Gladiator werden x Bälle zugewiesen, wenn seine Anfangsstärke x beträgt, und alle Bälle werden gemäß einer Gleichverteilung zufällig vertikal angeordnet. Wenn zwei Gladiatoren kämpfen, gewinnt derjenige, dessen oberster Ball am höchsten liegt (dies trifft mit der erforderlichen Wahrscheinlichkeit von $x/(x + y)$ zu); der Ball des Verlierers fällt an den Gewinner.

Die neue Ballmenge des überlebenden Gladiators ist immer noch gemäß einer Gleichverteilung in der ursprünglichen vertikalen Anordnung verteilt, als ob er mit der vollen Menge begonnen hätte; daher ist das Ergebnis jedes Spiels, wie gefordert, unabhängig von vorangegangenen Ereignissen. Aber ungeachtet seiner Strategie gewinnt Victor dann und nur dann, wenn der oberste Ball in der gesamten Anordnung einer seiner eigenen ist. Dies geschieht mit der Wahrscheinlichkeit $P/(P + V)$.

Gladiatoren, Version II

Die Änderung der Regeln führt offensichtlich zu anderen Strategieüberlegungen – oder etwa nicht? Nein, wieder macht die Strategie keinen Unterschied!

Bei diesem Spiel nehmen wir dem Gladiator Geld (und Bälle) weg und verwandeln ihn in eine Glühbirne.

Die ideale mathematische Glühbirne hat die folgende Eigenschaft: Ihre Brenndauer ist vollständig gedächtnislos. Dies bedeutet: Wenn wir wissen, wie lange eine Glühbirne gebrannt hat, sagt uns dies überhaupt nichts darüber, wie lange sie noch brennen wird.

Vielleicht wissen Sie, dass die einzige Wahrscheinlichkeitsverteilung mit dieser Eigenschaft die exponentielle ist. Wenn die zu erwartende (durchschnittliche) Lebenszeit einer Birne x beträgt, dann ist die Wahrscheinlichkeit, dass sie zum Zeitpunkt t noch brennt, $e^{-t/x}$. Aber wir benötigen keine Formel für dieses Rätsel. Sie müssen lediglich wissen, dass es eine gedächtnislose Wahrscheinlichkeitsverteilung gibt.

Wenn wir zwei Glühbirnen mit den erwarteten Lebenszeiten x beziehungsweise y haben, dann beträgt die Wahrscheinlichkeit, dass die erste die zweite überdauert, $x/(x+y)$. Man kann dies ohne Analysis nachvollziehen. Stellen Sie sich eine Lichthalterung vor, in der eine Glühbirne vom Typ x und eine vom Typ y angebracht sind; immer wenn eine Birne ausbrennt, ersetzen wir sie durch eine Birne des gleichen Typs. Wenn eine Birne ausbrennt, dann ist die Wahrscheinlichkeit, dass es sich um eine y-Glühbirne handelt, eine von dem vergangenen Zustand unabhängige Konstante. Aber diese Konstante muss $x/(x+y)$ betragen, denn über eine lange Zeitspanne hinweg werden wir y- und x-Glühbirnen im Verhältnis $x : y$ benötigen.

Zurück ins Kolosseum: Wir stellen uns vor, der Kampf zweier Gladiatoren entspreche dem Einschalten der sie repräsentierenden Glühbirnen, bis eine (der Verlierer) ausbrennt. Dann schalten wir auch den Gewinner bis zu seinem nächsten Kampf aus; da die Verteilung gedächtnislos ist, bleibt die Stärke des Siegers in seinem nächsten Kampf unverändert. Es mag für die Zuschauer wenig befriedigend sein, wenn Gladiatoren durch Glühbirnen ersetzt werden, aber dies ist ein valides Modell für die Kämpfe.

Während des Turniers können Paula and Victor zu jedem Zeitpunkt genau eine Glühbirne brennen lassen; Sieger ist, wessen Gesamtbrennzeit (aller Glühbirnen/Gladiatoren in seiner oder ihrer Mannschaft) die größere ist. Da dies nichts mit der Reihenfolge zu tun hat, in der die Glühbirnen angeschaltet werden, ist die Wahrscheinlichkeit, dass Victor gewinnt, unabhängig von seiner Strategie. (Anmerkung: Diese Wahrscheinlichkeit ist eine kompliziertere Funktion der Stärke der Gladiatoren als im vorangegangenen Spiel.)   □

Das Spiel von der konstanten Stärke erschien in K. S. Kaminsky, E. M. Luks und P. I. Nelson, „Strategy, Nontransitive Dominance and the Exponential Distribution", *Austral. J. Statist.*, Bd. 26, Nr. 2 (1984), S. 111–118. Ich habe eine Theorie, wie das andere Spiel zustande kam: Irgendjemand hatte Freude an dem Problem und erinnerte sich an die Antwort (alle Strategien sind gleich gut), aber nicht an die Bedingungen. Als er oder sie versuchte, die Regeln des Spiels zu rekonstruieren, war es naheliegend, die Bedingung der ererbten Stärke einzuführen, um so ein Martingale zu erstellen.

7 Algorithmen

*Leistung ist zum größten Teil das Produkt der
Steigerung der eigenen Ansprüche an Streben und
Erwartung.*

Jack Nicklaus (*1940), „My Story"

Viele faszinierende Rätsel drehen sich um Algorithmen. Normalerweise werden Sie (das Opfer) mit einer „Situation", einer Menge an möglichen Operationen und einem Zielzustand konfrontiert. Vielleicht haben Sie eine Wahl bei der Verwendung der Operationen, vielleicht aber auch nicht. Sie werden gefragt: Können Sie den Zielzustand erreichen? Oder vielleicht: Können Sie es verhindern, den Zielzustand zu erreichen? Und manchmal lautet die Frage: Mit wie vielen Operationen?

Typischerweise verändert die Operation einige Aspekte der Situation zum Besseren, wohingegen man an anderer Stelle möglicherweise an Boden verliert. Wie kann man bestimmen, ob das Ziel erreichbar ist?

Hier ist ein praktisches Problem von der 1. Gesamtsowjetischen Mathematikolympiade von 1961.

Vorzeichen in einer Matrix

Sie erhalten eine $m \times n$-Matrix mit reellen Zahlen, und Sie dürfen jederzeit die Vorzeichen aller Zahlen in einer Reihe oder Spalte umkehren. Beweisen Sie, dass Sie Veränderungen so vornehmen können, dass sämtliche Zeilensummen und Spaltensummen nichtnegativ sind.

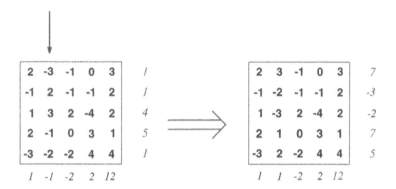

Lösung: Kehrt man die Vorzeichen einer Zeile mit negativer Summe um, dann lässt sich zwar die negative Summe korrigieren, aber möglicherweise werden dabei einige Spaltensummen ruiniert. Wie kann man sicherstellen, dass man Fortschritte erzielt?

Dieses Rätsel passt zum ersten der folgenden klassischen Paradebeispiele. In einem algorithmischen Rätsel werden Sie mit einer „aktuellen Situation", einem „Zielzustand", und einer Menge an „Operationen" konfrontiert, die Sie zur Veränderung der Ausgangssituation verwenden können. Sie werden aufgefordert, eine der Behauptungen zu beweisen (aber Sie erfahren nicht notwendigerweise, welche):

1. Es gibt eine (endliche) Folge an Operationen, um den Zielzustand zu erreichen.

2. Jede beliebige Folge an Operationen führt schlussendlich zum Ziel.

3. Jede Folge an Operationen führt mit der gleichen Anzahl an Schritten zum Ziel.

4. Keine Folge an Operationen führt zum Ziel.

Ihr Ziel bei der Bearbeitung algorithmischer Probleme sollte im Auffinden eines Parameters P bestehen – einer Art numerischer Einstufung der Zustände –, der irgendwie den Fortschritt zum Ziel hin erfasst.

Um (1) zu beweisen, müssen Sie zeigen, dass bis zur Zielerreichung stets eine Operation zur Verfügung steht (oder eine Folge von Operationen), die P verbessert. Um sicherzugehen, dass Sie nicht Opfer des Teilungsparadoxons von Zenon werden (die Schritte werden immer kleiner, und Sie erreichen das Ziel nie), müssen Sie zum Beispiel zeigen, dass P immer um einen bestimmten Mindestbetrag verbessert werden kann oder dass es nur endlich viele mögliche Situationen gibt.

Um (2) zu beweisen, müssen Sie in gleicher Weise vorgehen, nur zeigen Sie jetzt, dass P durch jede Operation verbessert wird.

Um (3) zu beweisen, zeigen Sie, dass P durch jede Operation um den gleichen Betrag verbessert wird.

Um (4) zu beweisen, zeigen Sie, dass *keine* Operation P verbessert, die Zielerreichung aber eine Verbesserung verlangt.

Lassen Sie uns jetzt zum Matrizenproblem zurückkehren. Wir sehen, dass die Anzahl der Reihen (Zeilen und Spalten) mit einer nichtnegativen Summe der falsche Parameter ist; diese Zahl könnte abnehmen, selbst wenn die Vorzeichen der Reihe umgekehrt werden. Wir versuchen stattdessen, P mit der

Summe der Einträge in der Matrix gleichzusetzen. Die Umkehrung der Vorzeichen einer Zeile mit der Summe $-s$ erhöht P um $2s$, da P als Summe aller Zeilensummen geschrieben werden kann (Entsprechendes gilt für die Spalten). Da es nur endlich viele erreichbare Situationen gibt (tatsächlich nicht mehr als 2^{m+n}) und P bei jeder Umkehrung einer negativen Reihe größer wird, muss irgendwann der Fall eintreten, dass alle Reihen nichtnegative Summen haben.   □

Dies war ein Typ-1-Problem, aber wie Sie sehen, könnte es auch als Typ-2-Problem formuliert werden. Dazu müsste man festlegen, dass nur negative Reihen umkehrbar sind; Sie müssen dann zeigen, dass Sie einen Punkt erreichen *werden*, bei dem alle Zeilensummen nichtnegativ sind.

Bei den folgenden Problemen ist für das Finden eines funktionierenden Parameters P möglicherweise erheblich mehr Fantasie erforderlich.

Das infizierte Schachbrett

Es breitet sich eine Infektion unter den Quadraten eines $n \times n$-Schachbretts in der folgenden Weise aus: Hat ein Quadrat zwei oder mehr infizierte Nachbarn, wird es ebenfalls infiziert. (Nachbarn haben eine gemeinsame Kante, so dass jedes Quadrat höchstens vier Nachbarn hat.)

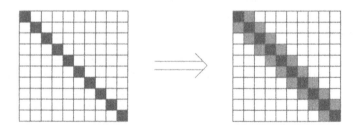

Stellen Sie sich beispielweise vor, dass alle *n* Quadrate der Hauptdiagonalen infiziert sind. Dann setzt sich die Infektion zu den benachbarten Diagonalen fort und breitet sich schließlich auf das gesamte Brett aus.

Beweisen Sie, dass Sie nicht das gesamte Brett infizieren können, wenn Sie mit weniger als *n* infizierten Quadraten beginnen.

Leeren eines Eimers

Vor Ihnen stehen drei große Eimer, in denen sich jeweils eine ganzzahlige Menge (in Litern) einer nicht verdunstenden Flüssigkeit befinden. Sie können jederzeit den Inhalt eines Eimers verdoppeln, indem Sie diesen mit der Flüssigkeit eines volleren Eimers auffüllen; mit anderen Worten, Sie können aus einem Eimer mit x Litern Flüssigkeit in einen mit $y \leq x$ Litern schütten, so dass der erstere dann $2y$ (und der letztere $x - y$) enthält.

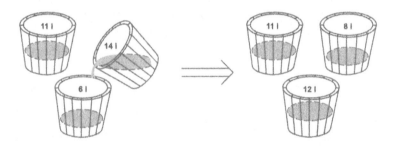

Beweisen Sie, dass Sie unabhängig von den jeweiligen Anfangsmengen schließlich einen der Eimer leeren können.

Spielstecker an den Ecken

Auf einer ebenen Fläche legen vier Spielstecker ein Quadrat fest. Sie können jederzeit einen Stecker über einen zweiten springen lassen, indem der erste auf der gegenüberliegenden Seite des zweiten platziert wird und zu diesem den gleichen Abstand wie vorher hat. Der übersprungene Stecker bleibt an seinem Platz.

Können Sie die Stecker zu den Ecken eines größeren Quadrats bewegen?

Spielstecker auf der Halbebene

Jeder Gitterpunkt der xy-Ebene auf oder unterhalb der x-Achse wird von einem Spielstecker belegt. Ein Stecker kann jederzeit (horizontal, vertikal oder diagonal) über einen Nachbarstecker auf den nächsten Gitterpunkt der Linie springen, vorausgesetzt dieser ist unbesetzt. In diesem Rätsel wird der übersprungene Stecker jedoch entfernt.

Können Sie einen Stecker auf einen Platz beliebig weit oberhalb der x-Achse befördern?

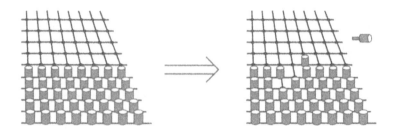

Spielstecker in einem Quadrat

Wiederum haben wir Spielstecker auf einem ebenen Spielfeld, dieses Mal in einem $n \times n$-Quadrat angeordnet. In diesem Rätsel springen die Stecker horizontal oder vertikal, und der übersprungene Stecker wird entfernt; das Ziel ist, die n^2 Stecker auf nur einen zu reduzieren.

Beweisen Sie, dass dies nicht gelingt, falls n ein Vielfaches von 3 ist!

Vorzeichenwechsel bei einem Polygon

Die Ecken eines Polygons werden mit Zahlen versehen, deren Summe positiv ist. Sie können jederzeit das Vorzeichen einer negativen Zahl ändern. Dann wird jedoch der neue Wert von den beiden benachbarten Werten abgezogen, um die Ausgangssumme zu erhalten.

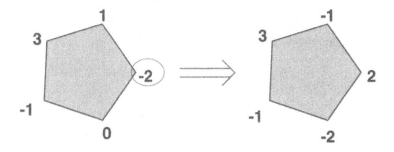

Beweisen Sie, dass unabhängig davon, welche negativen Zahlen verändert werden, der Vorgang nach endlich vielen Vorzeichenwechseln unausweichlich endet und alle Werte nichtnegativ sind.

Lichterkette in einem Kreis

Glühbirnen, durchnummeriert von 1 bis n, sind in einem Kreis angeordnet. Zu Beginn sind sie alle angeschaltet. Zum Zeitpunkt t prüfen Sie die Glühbirne Nummer t, und falls sie an ist, dann ändern Sie den Zustand der Birne $t + 1$ (modulo n); das heißt, Sie machen sie aus, falls sie brennt, und machen sie an, falls sie aus ist. Ist die Birne t aus, machen Sie nichts.

Beweisen Sie: Wenn Sie kontinuierlich in dieser Weise im Kreis fortfahren, dann werden schließlich alle Birnen wieder angeschaltet sein.

Käfer auf einem Polyeder

Mit jeder Fläche eines festen konvexen Polyeders ist ein Käfer verknüpft, der mit unterschiedlicher Geschwindigkeit, aber nur im Uhrzeigersinn den Seitenrand entlangkrabbelt. Beweisen Sie, dass keine Maßnahme allen Käfern ermöglicht, ihre Seiten zu umrunden und ohne Kollision an ihre Ursprungsstelle zurückzukehren.

Käfer auf einem Zahlenstrahl

Jede positive ganze Zahl auf dem Zahlenstrahl ist mit einem grünen, gelben oder roten Licht ausgestattet. Ein Käfer wird auf die „1" gesetzt und gehorcht zu jeder Zeit den folgenden Regeln: Sieht er ein grünes Licht, dann verwandelt er es in gelbes Licht und bewegt sich einen Schritt nach rechts; sieht er gelbes Licht, verwandelt er es in rotes und bewegt sich einen Schritt nach rechts; sieht er ein rotes Licht, dann verwandelt er es in grünes und geht einen Schritt nach *links*.

Irgendwann einmal wird der Käfer links vom Zahlenstrahl herunterfallen oder nach rechts in Richtung Unendlichkeit abwandern. Ein zweiter Käfer wird dann auf die „1" gesetzt, nach ihm ein dritter.

Beweisen Sie: Fällt der zweite Käfer links herunter, wird der dritte nach rechts in Richtung Unendlichkeit marschieren.

Eine Tafel Schokolade brechen

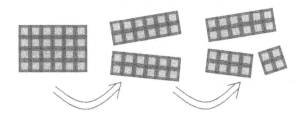

Sie haben eine rechteckige Schokoladentafel, die aus $m \times n$-Quadraten besteht, und Sie möchten sie in ihre einzelnen Quadrate auseinanderbrechen. Bei jedem Schritt können Sie ein Teilstück nehmen und es entlang jeder vertikalen oder horizontalen Linie abbrechen.

Beweisen Sie, dass jede Methode zu der gleichen Anzahl an Schritten führt.

Lösungen und Kommentare

Das infizierte Schachbrett

Dieses reizvolle Problem erschien um 1986 herum in der sowjetischen Zeitschrift *KVANT* und migrierte dann nach Ungarn. Wenn die Anfangsquadrate zufällig gesetzt werden, dann wird das Verfahren zweidimensionale Bootstrap-Perkolation genannt. Eine sehr schöne mathematische Analyse des Prozesses stammt von Ander Holroyd (Universität von British Columbia) und erschien in *Probability Theory and Related Fields*, Bd. 125, Nr. 2 (2003), S. 195–224. Das vorliegende Rätsel erreichte mich über Joel Spencer von der Universität New York, der behauptet, dass es einen „Ein-Wort-Beweis" gebe! Sie werden sehen: Es handelt sich dabei um eine leichte Übertreibung.

Manche, die von dem Diagonalenbeispiel in die Irre geführt werden, versuchen zu zeigen, dass es zu Beginn in jeder Zeile oder Spalte ein infiziertes Quadrat geben müsse. Aber das ist nicht wahr. Beachten Sie, dass sich die folgende Anordnung von kranken Quadraten auf das gesamte Brett ausbreitet.

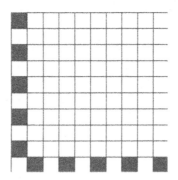

In der Tat gibt es unzählige Arten und Weisen, das gesamte Schachbrett mit *n* kranken Quadraten zu infizieren, aber offensichtlich geht dies nicht mit weniger Quadraten. Irgendein magischer Parameter *P* ist hier vonnöten, aber welcher?

Der Parameter ist der Umfang! Wenn ein Quadrat infiziert wird, dann werden mindestens zwei seiner angrenzenden

Kanten in das Innere des infizierten Gebiets einbezogen und höchstens zwei zur Grenze dieses Gebietes hinzugefügt. Folglich kann sich der Umfang des infizierten Gebiets nicht vergrößern. Da der Umfang des gesamten Schachbretts $4n$ beträgt (Einheitsquadrate vorausgesetzt), muss das ursprünglich infizierte Feld mindestens n Quadrate umfassen. □

Für Interessierte ein weiteres Beispiel: Beweisen Sie, dass man n anfänglich kranke Quadrate benötigt, selbst wenn man das obere und untere Ende des Bretts zu einem Zylinder formt. Wenn die Seiten ebenfalls zusammengefügt werden, so dass ein Torus entsteht, dann reichen $n - 1$ kranke Quadrate zu Beginn (und sind auch notwendig). Der Umfang ist dabei nicht mehr ausschlaggebend, es wird ein anderes Verfahren benötigt, das von Bruce Richter (Universität von Waterloo) und Ihrem Autor entwickelt wurde.

Leeren eines Eimers

Dieses Problem, eine weitere Schönheit aus der ehemaligen Sowjetunion, erschien auf der 5. Gesamtsowjetischen Mathematikolympiade 1971 in Riga. Es tauchte, allerdings ohne die Hardware, 1993 beim Putnam-Examen wieder auf. Das Problem erreichte mich über Christian Borgs von Microsoft Research. Ich werde zwei Lösungen vorstellen: eine kombinatorische von mir selbst und eine elegante zahlentheoretische von Svante Janson von der Universität Uppsala in Schweden (die unabhängig von Swante auch von Garth Payne gefunden wurde). Ich weiß nicht, welche Lösung die intendierte war.

In Svantes Lösung ist P der Inhalt eines speziellen Eimers. Wir zeigen, wie P stets verkleinert werden kann, bis er null beträgt. In meiner Lösung werden Sie jedoch sehen, dass P stets *vergrößert* werden kann, bis einer der anderen Eimer leer ist.

Um Letzteres durchzuführen, können wir zunächst von der Annahme ausgehen, dass genau ein Eimer eine ungerade Litermenge Flüssigkeit enthält. Diese Annahme ist richtig, denn enthält kein Eimer eine ungerade Litermenge, dann können wir um eine Potenz von 2 verkleinern; gibt es mehr als zwei ungerade Eimer, dann reduziert sich in einem Schritt mit zwei von ihnen ihre Anzahl auf einen oder keinen ungeraden Eimer.

Zweitens stellen wir fest, dass wir mit einem ungeraden und einem geraden Eimer stets einen Umkehrschritt vollziehen können, das heißt die Hälfte des Inhalts eines geraden Eimers in den ungeraden schütten. Dies trifft deshalb zu, da jeder Zustand von höchstens einem Zustand aus erreicht werden kann; wenn man deshalb genügend Schritte vollzogen hat, kehrt man zum ursprünglichen Zustand zurück; der Zustand *unmittelbar vor* der Rückkehr ist das Ergebnis des „Umkehrschritts".

Abschließend argumentieren wir, dass der Inhalt des ungeraden Eimers stets vergrößert werden kann, solange es keinen leeren Eimer gibt. Gibt es einen Eimer, dessen Inhalt durch 4 teilbar ist, dann können wir die Hälfte davon in den ungeraden entleeren; gibt es einen solchen Eimer nicht, dann wird eine Operation zwischen zwei geraden Eimern einen solchen Eimer erzeugen.   □

Hier ist Svantes Lösung in seinen eigenen Worten:

„Wir bezeichnen die Eimer, die ursprünglich a, b und c Liter Flüssigkeit enthalten, wobei $0 < a \leq b \leq c$, mit A, B, und C. Ich werde eine Folge von Schritten beschreiben, die zu einem Zustand führen, bei dem das Minimum der drei Mengen kleiner als a ist. Falls das Minimum null ist, dann sind wir fertig, andernfalls nehmen wir eine Umbenennung vor und wiederholen die Schritte.

Es sei $b = qa + r$, wobei $0 \leq r < a$ und $q \geq 1$ eine natürliche Zahl ist. Wir schreiben q in binärer Form: $q = q_0 + 2q_1 + \cdots + 2^n q_n$ wobei jedes q_i 0 oder 1 und $q_n = 1$ ist.

> *Wir führen wie folgt $n + 1$ Schritte durch, nummeriert von 0 bis n: In Schritt i schütten wir von B in A, falls $q_i = 1$ und von C in A, falls $q_i = 0$. Da wir stets in A schütten, wird sein Inhalt jedes Mal verdoppelt, so dass A vor dem i-ten Schritt $2^i a$ Liter enthält. Die vollständige Menge, die aus B herausgeschüttet wird, beträgt deshalb qa, so dass am Ende $b - qa = r < a$ in B enthalten ist. Beachten Sie zum Schluss, dass nach dem Umfüllen die Gesamtmenge von C höchstens*

$$\sum_{i=0}^{n-1} 2^i a < 2^n a \leq qa \leq b \leq c$$

> *beträgt, so dass stets ausreichend Flüssigkeit in C (und in B) ist, um diese Schritte zu tätigen."* □

Nach meinem Wissen kennt niemand auch nur annähernd die Anzahl der erforderlichen Lösungsschritte (wie ungünstig auch immer der Anfangszustand sein mag, der eine Gesamtmenge von n Litern Flüssigkeit umfasst). Nach meiner Lösung reichen n^2 Schritte aus, Svantes Lösung ist jedoch effizienter als meine, da die Anzahl der Schritte bei ihm durch Konstante mal $n \log n$ begrenzt ist. Die tatsächliche Lösung mag noch viel kleiner sein; Michael H. Albert von der Abteilung für Computerwissenschaften an der Universität von Otago in Dunedin, Neuseeland, denkt, dass sie von der Ordnung $(\log n)^2$ ist.

Spielstecker an den Ecken

Auf dieses nette Rätsel wurde ich durch Mikkel Thorup von den AT&T-Laboratorien hingewiesen, dem es über Assaf Naor (Forscher bei Microsoft) zu Ohren kam, der es wiederum von Studenten der Hebrew-Universität in Jerusalem gehört hatte.

Zunächst halten wir fest: Befinden sich die Spielstecker an den Punkten eines Gitters (das heißt Punkten auf einer Ebene mit ganzzahligen Koordinaten), werden sie auf den Gitterpunkten bleiben.

Wenn sie insbesondere zu Beginn an den Ecken eines Einheitsquadrates sitzen, können sie sich später nicht an den Ecken eines *kleineren* Quadrats wiederfinden, da es kein kleineres Quadrat auf den Gitterpunkten gibt. Aber warum kein größeres?

Hier ist die entscheidende Beobachtung: Ein Sprung kann rückgängig gemacht werden! Wenn Sie zu einem größeren Quadrat gelangen könnten, dann könnten Sie die Einzelschritte umkehren und ein kleineres erreichen, was aber, wie wir wissen, unmöglich ist. □

Spielstecker auf der Halbebene

Dies ist eine Variante eines Problems, das in Band 2 von *Winning Ways* beschrieben wird. Wir glauben, dass das Problem ursprünglich von Conway, einem der Autoren, erfunden wurde. In diesem Problem sind diagonale Sprünge nicht erlaubt. Man kann trotzdem einen Stecker ohne große Schwierigkeiten bis zur Geraden $y = 4$ bringen. Die folgende Argumentation zeigt jedoch, dass eine höhere Position nicht erreicht werden kann.

Ob mit oder ohne Diagonalsprünge, die Schwierigkeit besteht darin, dass sich durch die Vorwärtssprünge der Stecker die Gitterpunkte in der unteren Hälfte leeren. Was wir benötigen, ist ein Parameter P, der durch viele oben platzierte Stecker belohnt, aber im Gegenzug durch zurückgelassene Löcher bestraft wird. Eine Funktion von der Steckerposition, die über alle Stecker summiert wird, könnte ein solcher Parameter sein. Da es unendlich viele Stecker gibt, müssen wir genau darauf achten, dass die Summe konvergiert.

Wir könnten zum Beispiel dem Stecker $(0, y)$ den Wert r^y zuordnen, wobei r eine reelle Zahl größer als 1 ist, so dass sich die Werte der Stecker auf der negativen y-Achse zu der endlichen Zahl $\sum_{y=-\infty}^{0} r^y = r/(r-1)$ aufsummieren. Die

Werte der angrenzenden Spalten müssen allerdings reduziert werden, damit die Summe der Gesamtfläche endlich bleibt: Wenn wir bei jedem Schritt, der von der y-Achse wegführt, um einen Faktor r kürzen, erhalten wir ein Gewicht von $r^{y-|x|}$ für den Stecker in (x, y) und das Gesamtgewicht

$$\frac{r}{r-1} + \frac{1}{r-1} + \frac{1}{r-1} + \frac{1}{r(r-1)} + \frac{1}{r(r-1)} + \cdots = \frac{r^2+r}{(r-1)^2} < \infty$$

für die Ausgangsposition.

Wird ein Sprung durchgeführt, dann beträgt im besten Fall (wenn der Sprung diagonal nach oben und zur y-Achse hin gerichtet ist) der Zugewinn vr^4 zu P, und der Verlust beträgt $v + vr^2$, wobei v der vorherige Wert des springenden Steckers ist. Solange r höchstens die Quadratwurzel des „goldenen Schnitts" $\theta = (1+\sqrt{5})/2 \approx 1{,}618$ beträgt, welche die Gleichung $\theta^2 = \theta + 1$ erfüllt, kann dieser Gewinn nie positiv sein.

Wenn wir damit fortfahren und $r = \sqrt{\theta}$ setzen, dann beträgt der Anfangswert von P etwa 39,0576; aber der Wert eines Steckers in Punkt $(0, 16)$ ist *schon selbst* $\theta^8 \approx 46{,}9788$. Da wir P nicht erhöhen können, lässt sich folgern, dass wir keinen Stecker bis $(0, 16)$ rücken können. Wenn wir aber einen Stecker zu jedem Punkt auf oder oberhalb der Geraden $y = 16$ bringen könnten, dann könnten wir ihn auch zu $(0, 16)$ bringen, indem wir innehalten, wenn ein Stecker einen Punkt $(x, 16)$ erreicht, um dann den ganzen Algorithmus um $|x|$ nach links oder rechts zu verschieben. □

Mit einiger Anstrengung lässt sich zeigen, dass der höchste erreichbare Punkt auf der Geraden $y = 8$ liegt, wenn man Diagonalsprünge zulässt (siehe M. Aigner „Moving into the desert with Fibonacci" in *Mathematics Magazine*, Bd. 70 (1997), S. 11–21; oder N. Eriksen, H. Eriksson und K. Eriksson, „Diagonal checker-jumping and Eulerian numbers for

color signed permutations", *Electronic Journal of Combinatorics*, Bd. 7 (2000); jüngere Publikationen sind in der Zeitschrift *Integers* erschienen: „Diagonal Peg Solitaire" von George I. Bell, Artikel G1, und „The Minimum Size Required of
a Solitaire Army" von George I. Bell, Daniel S. Hirschberg und
Pablo Guerrero-García, Artikel G7, beide in Bd. 7 (2007)).

Spielstecker in einem Quadrat

Es gibt mehr als einen Weg, dieses Rätsel zu lösen. Es ist Teil
einer Aufgabe, die von der Internationalen Mathematikolympiade 1993 stammt. Der folgende Beweis wurde mir von Ben-
ny Sudakov von der Universität Princeton übermittelt.

Färben Sie die Punkte (x, y) des Gitters rot, wenn weder x
noch y ein Vielfaches von 3 sind, ansonsten weiß. Das führt
zu einem regelmäßigen Muster von 2×2-Quadraten (wie in
der Abbildung).

Sind zwei Stecker auf dem Gitter (senkrecht oder waage-
recht) benachbart, wobei sich beide auf den roten oder beide
auf den weißen Punkten befinden, dann ist der Stecker, der
nach dem Sprung übrig bleibt, auf Weiß. Wenn einer auf dem
roten und der andere auf dem weißen Punkt ist, dann befindet sich aber der Stecker nach dem Sprung auf dem roten
Punkt. Beginnt man also mit einer geraden Anzahl an Steckern auf den roten Quadraten, dann wird bei jeder Konfiguration diese Eigenschaft ungeachtet der durchgeführten
Sprünge beibehalten.

Man sieht schnell, dass ein 3×3-Quadrat an Steckern,
wo auch immer es sich auf dem ebenen Gitterfeld befindet,
auf eine gerade Anzahl an roten Punkten trifft. Da ein $n \times n$-
Quadrat, bei dem n ein Vielfaches von 3 ist, aus solchen Quadraten aufgebaut ist, wird es auch stets auf eine gerade Anzahl an roten Punkten treffen. Wenn es irgendwie möglich
wäre, solch ein Quadrat auf einen einzelnen Stecker zu redu-

zieren, dann könnten wir das ursprüngliche Quadrat so verschieben, dass der übrig gebliebene Stecker auf einem roten
Punkt endet. Mit diesem Widerspruch endet der Beweis.   □

Es ist Routine, wenn auch nicht besonders leicht oder auf-
schlussreich, zu zeigen, dass man ein $n \times n$-Quadrat auf einen
einzelnen Stecker reduzieren kann, falls n kein Vielfaches
von 3 ist. Auf der Olympiade wurden die Teilnehmer aufgefordert zu bestimmen, für welche n die Quadrate reduzierbar
seien – eine ziemlich harte Aufgabe aus dem Stand heraus!

Vorzeichenwechsel bei einem Polygon

Dieses Rätsel ist eine Verallgemeinerung eines anderen, das
auf der Mathematikolympiade 1986 auftauchte (eingereicht
von einem Verfasser aus Ostdeutschland, wie mir berichtet
wurde) und das später das „Fünfeckproblem" genannt wurde.
    Das Problem besitzt viele Lösungen und kann sogar noch
weiter verallgemeinert werden, von n-Ecken zu beliebig
verbundenen Graphen. Die folgende Lösung ragt jedoch

wegen ihrer Kombination aus Eleganz und strenger Folge-
richtigkeit heraus. Sie wurde unabhängig voneinander von
mindestens zwei Personen entwickelt, unter ihnen Bernard
Chazelle, Professor der Computerwissenschaften an der Universität in Princeton.

Es seien $x(0), \ldots, x(n-1)$ die Zahlen an den Ecken, die zusammen die Summe $s > 0$ ergeben, die Kennziffern werden
modulo n gesetzt. Definieren Sie die doppelt unendliche Folge $b(\cdot)$ durch $b(0) = 0$ und $b(i) = b(i-1) + x(i \bmod n)$. Die
Folge $b(\cdot)$ ist nicht periodisch, aber periodisch ansteigend:
$b(i+n) = b(i) + s$.

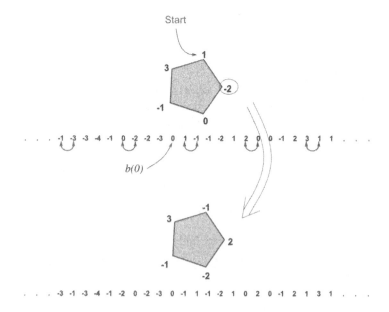

Wenn $x(i)$ negativ ist, $b(i) < b(i-1)$, dann führt der Vorzeichenwechsel $x(i)$ zum Tausch von $b(i)$ mit $b(i-1)$, so dass sie

nun in aufsteigender Folge sind. Das gilt auch für alle Paare $b(j)$, $b(j-1)$, die ein Vielfaches von n entfernt sind. Deshalb läuft der Vorzeichenwechsel darauf hinaus, $b(\cdot)$ durch benachbarte Umstellungen zu sortieren!

Um den Fortschritt dieses Sortierungsprozesses zu verfolgen, benötigen wir einen endlichen Parameter P, der das Ausmaß misst, in dem $b(\cdot)$ ungeordnet ist. Um diesen zu erhalten, sei (für festes i) i^+ die Anzahl der Kennziffern $j > i$, für die $b(j) < b(i)$, und i^- die Anzahl der Kennziffern $j < i$, für die $b(j) > b(i)$. Beachten Sie, dass i^+ und i^- endlich sind und nur von $i \bmod n$ abhängen. Sie können auch erkennen, dass $\sum_{i=0}^{n-1} i^+ = \sum_{i=0}^{n-1} i^-$ gilt; wir erklären diese Summe zu unserem magischen Parameter P.

Wenn $x(i+1)$ umgedreht wird, dann erniedrigt sich i^+ um 1, und jedes andere j^+ bleibt unverändert. Deshalb geht P um genau 1 nach unten. Wenn P auf 0 stößt, ist die Folge vollständig sortiert, so dass alle Zahlen nichtnegativ sind, und der Vorgang endet.

Wir haben mehr gezeigt als von der Problemstellung erwartet: Der Vorgang endet unabhängig von dem Vorgehen in der exakt gleichen Anzahl P an Schritten. Darüber hinaus ist die letzte Konfiguration ebenfalls unabhängig von dem Vorgehen! Der Grund liegt darin, dass es nur eine geordnete Version von $b(\cdot)$ gibt; der Eintrag $b(i)$ der ursprünglichen Folge muss zur Position $i + i^+ - i^-$ führen, sobald die Sortierung abgeschlossen ist. □

Lichterkette in einem Kreis

Dieses Rätsel gehört zu einem Problem, das auf der Internationalen Mathematikolympiade 1993 auftauchte. Da der Wert von n unbestimmt ist, besteht der beste Ansatz darin zu zeigen (wie wir es auch bei einem der „Leeren-eines-Eimers"-Beweise machten), dass der Zustandsraum selbst zyklisch ist.

Wir stellen zunächst fest, dass keine Gefahr besteht, alle Lichter auszuschalten; wenn eine Veränderung zum Zeitpunkt t durchgeführt wird, dann ist die Glühbirne t noch an. Wenn wir darüber hinaus unmittelbar *nach* der Zeit t den Kreis betrachten, dann können wir auf den Zustand der Glühbirnen vor t schließen (durch Veränderung des Zustands von $t + 1$, falls die Birne t an ist). Da die Anzahl der möglichen Zustände (der jeweils untersuchten Birne sowie der brennenden Birnen) endlich ist, müssen wir schließlich einen Zustand erstmalig wiederholen; nehmen wir an, dies geschehe zum Zeitpunkt t_1, an dem wir den Zustand zu einem früheren Zeitpunkt t_0 duplizieren, wobei sich t_1 und t_0 um ein Vielfaches von n unterscheiden. Aber zum Zeitpunkt $t_1 - 1$ waren wir bereits in dem gleichen Zustand wie zum Zeitpunkt $t_0 - 1$, ein Widerspruch –, es sei denn, es gäbe keine Zeit $t_0 - 1$, was bedeutete, dass t_0 gleich 0 ist und dass beim wiederholten Zustand alle Birnen an sind. ⊏

Käfer auf einem Polyeder

Dieses Rätsel wurde von Anton Klyachko in dem Aufsatz „A Funny Property of Sphere and Equations over Groups‘ vorgestellt, der in der Zeitschrift *Communications in Algebra*, Bd. 21, Nr. 7 (1993), S. 2555–2575 erschien. Um es zu lösen, machen wir genau das Gegenteil von dem, was wir im letzten Rätsel taten: Wir zeigen, dass ein bestimmter Parameter sich fortwährend in dieselbe Richtung verändert, weshalb wir *nicht* zu dem ursprünglichen Zustand zurückkehren können.

Wir stellen zunächst fest, dass wir von der Annahme ausgehen können, kein Käfer beginne auf einer Ecke (indem wir die Käfer leicht nach vorne oder nach hinten rücken). Wir können auch annehmen, dass die Käfer sich nacheinander bewegen, sobald sie eine Ecke kreuzen.

Wir können zu jedem Zeitpunkt einen imaginären Pfeil von der Mitte jeder Fläche *F* durch den Käfer von *F* zur Mitte der Fläche auf der anderen Seite des Käfers zeichnen. Wenn wir bei irgendeiner Fläche beginnen und diesen Pfeilen folgen, müssen wir schließlich ein zweites Mal auf besagte Polyederfläche stoßen, und damit schließt sich die Kurve von Pfeilen auf dem Polyeder.

Diese geschlossene Kurve unterteilt die Oberfläche des Polyeders in zwei Teile; lassen Sie uns das „Innere" der Kurve als den Teil definieren, den sie im Uhrzeigersinn umschließt. Es sei *P* die Anzahl der Ecken des Polyeders innerhalb der Kurve.

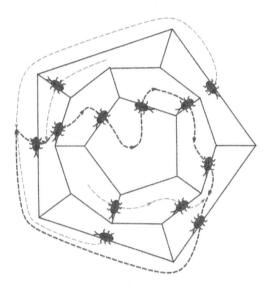

Zunächst könnte *P* alle Ecken des Polyeders umfassen, die zwischen 0 und der maximalen Anzahl (*n* zum Beispiel) liegen; die Extreme tauchen auf, wenn sich zwei Käfer auf derselben Kante befinden, wodurch eine Kurve der Länge 2

erzeugt wird. Im Fall $P = 0$ stehen sich die beiden Käfer gegenüber und sind dazu verurteilt zusammenzustoßen.

Bewegt sich ein Käfer auf der Kurve zur nächsten Kante, rotiert der Pfeil durch ihn hindurch nach rechts. Die Ecke, die er passiert hat, war vorher innerhalb der Kurve und ist nun außerhalb; andere Ecken können ebenfalls zuerst innerhalb und dann außerhalb der Kurve gewesen sein; es ist jedoch nicht möglich, dass eine Ecke von außen nach *innen* wandert. Beachten Sie, dass der neue Pfeil in Richtung des Kurveninneren weist. Die Kette der Pfeile, die von seiner Spitze ausgeht, hat keine Möglichkeit, der Kurve zu entkommen, sondern muss das Ende irgendeines Pfeiles treffen, wodurch eine neue Kurve mit einem kleineren Inneren erzeugt wird. Insbesondere hat P um mindestens 1 abgenommen.

Da wir P niemals auf seinen Anfangswert zurücksetzen können, können wir nur hoffen, dass die Käfer eine Unfallversicherung abgeschlossen haben. ☐

Eine zweite, recht nette Lösung wurde mir von David Feldman von der Universität New Hampshire zugesandt, der sie Karen Chandler verdankt. Da zwei Käfer niemals gleichzeitig dieselbe Kante bevölkern können, kann die Kontraktion einer Kante nie zu einer neuen Kollision führen. Ein Gegenbeispiel bleibt also ein Gegenbeispiel, auch wenn man eine solche Kontraktion durchführt. Wenn man so lange kontrahiert, bis man ein Bukett aus Kreisen erhält, die disjunkte Scheiben begrenzen, dann werden alle Käfer außer einem eine Scheibe umlaufen, die durch einen einzigen Kreis begrenzt wird. Aber dann müsste dieser Ausnahmekäfer mit allen übrigen zusammenstoßen!

Käfer auf einem Zahlenstrahl

Wir sollten uns zuerst davon überzeugen, dass der Käfer *entweder* links herunterfällt oder nach rechts in Richtung Unendlichkeit läuft; er kann nicht endlos herumwandern. Dazu müsste er einige Zahlen unendlich oft besuchen. Es sei n die kleinste dieser Zahlen; beachten Sie jedoch, dass sie bei jedem dritten Besuch von n rot ist, was einen Besuch der Zahl $n - 1$ nach sich zieht. Dies widerspricht der Annahme, dass $n - 1$ nur endlich oft aufgesucht wurde.

Nachdem dies ausgeräumt ist, erweist es sich als nützlich, sich ein grünes Licht als die Ziffer 0 vorzustellen, rot als 1 und gelb perverserweise als die „Zahl" $\frac{1}{2}$. Die Konfiguration der Lichter kann dann als eine Zahl zwischen 0 und 1 gedacht werden, die in Binärform als

$$x = 0.x_1x_2x_3 \ldots$$

geschrieben wird und numerisch

$$x = x_1 \cdot \left(\frac{1}{2}\right)^1 + x_2 \cdot \left(\frac{1}{2}\right)^2 + \cdots$$

lautet.

Stellen Sie sich den Käfer bei i als eine zusätzliche „1" an der $i$ten Stelle vor, und definieren Sie

$$y = x + \left(\frac{1}{2}\right)^i.$$

Der springende Punkt bei dieser Übung besteht darin, dass y eine *Invariante* ist, also unveränderbar bleibt, während der Käfer sich bewegt. Wenn der Käfer vom Punkt i nach rechts geht, erhöht sich die Ziffer, bei der er zuvor war, um $\frac{1}{2}$; deshalb erhöht sich x um den Wert $(\frac{1}{2})^{i+1}$, der Wert des Käfers selbst vermindert sich allerdings um denselben Betrag. Wenn sich der Käfer von i nach links bewegt, erhöht sich sein Wert um $(\frac{1}{2})^i$, aber x vermindert sich zum Ausgleich um eine ganze Ziffer an der $i$ten Stelle.

Eine Ausnahme gibt es, wenn der Käfer nach links fällt. In diesem Fall sinkt sowohl x als auch der Wert des Käfers selbst um $\frac{1}{2}$; insgesamt beträgt der Verlust 1. Wenn der nächste Käfer hinzukommt, erhöht sich y um $\frac{1}{2}$. Anders ausgedrückt: Der Wert von x erhöht sich um $\frac{1}{2}$, wenn ein Käfer eingeführt wird und nach rechts verschwindet; er fällt um $\frac{1}{2}$, wenn ein Käfer eingeführt wird und links hinunterfällt.

Natürlich muss sich x stets im Einheitsintervall befinden. Wenn sein Anfangswert strikt zwischen 0 und $\frac{1}{2}$ liegt, dann müssen die Käfer zwischen rechts, links, rechts, links hin- und herwechseln. Liegt er zwischen $\frac{1}{2}$ und 1, dann alternieren sie zwischen links, rechts, links, rechts.

Die restlichen Fälle können von Hand erledigt werden. Wenn anfangs $x = 1$ gilt (alle Punkte sind rot), dann wandelt der erste Käfer Punkt 1 in grün um und fällt nach links herunter; der zweite wackelt in Richtung Unendlichkeit davon und lässt alle Punkte rot zurück: Der Wechsel ist also links, rechts, links, rechts. Wenn zu Beginn $x = 0$ gilt (alle Punkte sind grün), beginnen die Käfer mit rechts, rechts (da die Punkte allesamt erst zu gelb und dann zu rot wechseln), und dann links, rechts, links, rechts wie vorher.

Der Fall $x = \frac{1}{2}$ ist am interessantesten, weil es mehrere Möglichkeiten gibt, $\frac{1}{2}$ in unserem modifizierten Binärsystem darzustellen: x kann nur aus $\frac{1}{2}$ bestehen, oder es kann mit irgendeiner endlichen Anzahl (einschließlich 0) von $\frac{1}{2}$ beginnen, gefolgt von 0111... oder 1000.... Im ersten Fall verwandelt der erste Käfer alle gelben Ziffern in rote, wenn er nach rechts abschwirrt. Deshalb erhalten wir den Wechsel rechts, links, rechts, links. Der zweite Fall ist ähnlich, denn der erste Käfer marschiert nach rechts, lässt aber wieder alle Punkte als rote zurück. Im dritten Fall verwandelt der Käfer bei seinem Marsch die gelben in rote Punkte, aber wenn er den roten Punkt erreicht, dreht er um und läuft nach links, wobei er rot in grün verwandelt, bis er am linken Ende herunterfällt. Danach haben wir den Fall $x = 0$, so dass das letzte Muster links, rechts, rechts, links, rechts, links, rechts lautet.

Wenn wir alle Fälle betrachten, dann erkennen wir, dass der dritte Käfer tatsächlich nach rechts läuft, wann immer sich der zweite nach links bewegt. □

Diese elegante Analyse wurde 2003 von Ander Holroyd (Universität von British Columbia) und Jim Propp (Universität von Wisconsin) auf einem Treffen des Instituts für Elementare Studien in Banff, Alberta, durchgeführt. Der Käfer wurde von Propp als eine Möglichkeit vorgeschlagen, einen Random Walk auf den nichtnegativen ganzen Zahlen deterministisch zu simulieren, bei dem die Schritte unabhängig voneinander durchgeführt werden, nach links mit der Wahrscheinlichkeit von $1/3$ und nach rechts mit $2/3$. Bei einem solchen Spaziergang fällt der Käfer links herunter oder setzt seinen Gang Richtung Unendlichkeit nach rechts fort; beide Fälle sind gleich wahrscheinlich. Wie wir sahen, führt das deterministische Modell stattdessen zu einem strikten Wechsel nach den ersten paar Käfern. Die Argumentation kann auf andere Random Walks verallgemeinert werden.

Eine Tafel Schokolade brechen

Von diesem lächerlich einfachen Rätsel ist bekannt, dass einige hochkarätige Wissenschaftler damit einen ganzen Tag lang überfordert waren, bis ihnen schließlich unter Aufstöhnen und Kopf vor die Wand schlagen ein Licht aufging. Trotz des Risikos, als Sadist beschimpft zu werden, spare ich mir die Lösung.

8 Noch mehr Spiele

Das halbe Spiel ist zu 90% mental.

Danny Ozark, Manager
der Baseballmannschaft von Philadelphia

Wenn man ein Spiel analysiert, dann muss man oft zwei Rätsel lösen: Man muss eine gute Strategie und eine gute Argumentation finden (oder eine gute Strategie für den zweiten Mitspieler), die zeigt, dass die Strategie die bestmögliche ist.

Aber manchmal kommt man mit viel weniger aus. Betrachten Sie sich einmal das folgende unschuldig dreinschauende Rätsel.

Kauen

Zwei Spieler beißen abwechselnd Stücke von einer $m \times n$ rechteckigen Tafel Schokolade ab, die in einheitliche Quadrate aufgeteilt ist. Bei jedem Zug wird ein Quadrat ausgesucht; dieses Quadrat plus jedes verbleibende Quadrat darüber und/oder rechts davon wird abgebissen. Jeder Spieler versucht, das Quadrat unten links zu meiden, da es giftig ist.

Beweisen Sie, dass der erste Spieler eine Gewinnstrategie hat, wenn die Tafel mehr als ein Quadrat enthält.

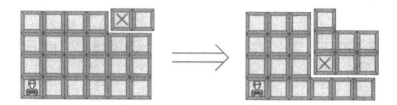

Lösung: Entweder muss der erste Spieler (Alice) oder der zweite (Bob) eine Gewinnstrategie haben. Nehmen wir an, es ist Bob. Dann muss er insbesondere eine Gewinnantwort auf Alices Eröffnungszug haben, wenn sie bloß das Quadrat oben rechts abbeißt.

Wie auch immer Bobs Antwort lautet: Alice könnte sie selbst als Eröffnungszug eingesetzt haben, was die Annahme widerlegt, Bob könne immer gewinnen. Also muss es eine Gewinnstrategie für Alice geben.   □

Diese Art Beweis ist als *Argumentation des Strategiediebstahls* bekannt; unglücklicherweise verrät er Ihnen nicht, auf welche Weise Alice das Spiel gewinnt. Mehr über „Kauen", seine Geschichte und eine allgemeinere Version findet sich im Abschlusskapitel.

Für den Rest der Spielerätsel ist eine Vielfalt von Herangehensweisen nützlich.

Deterministisches Poker

Alice und Bob wählen (da sie mit den Launen des Glücks unzufrieden sind) eine vollständig deterministische Version des Pokerspiels. Die Spielkarten werden offen auf dem Tisch ausgebreitet. Alice zieht fünf Karten, danach Bob. Alice legt irgendeine Anzahl ihrer Karten ab (diese abgelegten Karten sind aus dem Spiel) und ersetzt sie durch andere Karten in gleicher Anzahl; Bob macht dann das Gleiche. Alles geschieht mit offenen Karten vor den Augen des Gegners. Der Spieler mit dem besseren Blatt gewinnt; da Alice beginnt, wird Bob zum Sieger erklärt, wenn die Abschlussblätter gleich stark sind. Wer gewinnt unter der Voraussetzung des bestmöglichen Spiels?

Deterministisches Poker ist ein Spiel mit vollständiger Information. Bei Spielen mit versteckten Informationen oder gleichzeitigen Zügen mag eine Zufallsstrategie sinnvoll sein. Eine Menge solcher Strategien (jede für einen Spieler) nennt man ausgeglichen, wenn kein Spieler gewinnen kann, indem er seine Strategie ändert, solange die anderen die ihre beibehalten. Bei „Stein, Schere, Papier" beispielsweise verlangt die (einzige) ausgeglichene Strategie von jedem Spieler, mit gleicher Wahrscheinlichkeit eine der drei Möglichkeiten zu wählen.

Schwedische Lotterie

Bei einem Mechanismus, der für die nationale schwedische Lotterie vorgeschlagen wurde, wählt jeder Teilnehmer eine positive Ganzzahl aus. Derjenige, der die kleinste Zahl einreicht, die von niemandem sonst gewählt wurde, ist der Sieger. (Wenn keine Zahl von genau einer Person gewählt wurde, dann gibt es keinen Sieger.)

Was ist die größte Zahl, die mit positiver Wahrscheinlichkeit eingereicht wird, wenn nur drei Personen teilnehmen, aber jede eine optimale ausgeglichene Zufallsstrategie verwendet?

Pfannkuchen

Alice und Bob sind wieder hungrig, und nun sehen sie sich mit zwei Stapeln Pfannkuchen der Höhe m und n konfrontiert. Sie müssen abwechselnd vom größeren Stapel ein Vielfaches (das nicht null sein darf) der Anzahl der Pfannkuchen im kleineren Stapel essen. Natürlich ist der unterste Pfannkuchen in beiden Stapeln klitschig; deshalb ist derjenige der Verlierer, der zuerst einen Stapel aufgegessen hat.

Für welche Paare (m, n) hat Alice, die das Spiel beginnt, eine Gewinnstrategie?

Wie sieht es aus, wenn man das Ziel des Spiels umkehrt, so dass der Erste, der einen Stapel verspeist hat, der Sieger ist?

Die Differenz bestimmen

Alice und Bob entspannen sich nach dem Frühstück mit einem einfachen Zahlenspiel. Alice wählt eine Ziffer, und Bob ersetzt mit ihr einen Stern in der Differenz $* * * * - * * * *$. Dann ist Bob an der Reihe mit der Auswahl einer Ziffer (die Alice für einen Stern einsetzt), dann wieder Alice etc. Alice versucht, die Differenz, die sich am Ende ergibt, zu maximieren, Bob will sie minimieren. Welche Differenz können beide bei bestem Spiel erreichen?

Duell zu dritt

Alice, Bob und Carol haben ein Duell zu dritt. Alice ist eine schlechte Schützin; sie trifft das Ziel nur bei jedem dritten Schuss. Bob ist besser; er trifft bei zwei von drei Malen. Carol trifft mit Sicherheit.

Die drei schießen abwechselnd aufeinander; zuerst ist Alice dran, dann Bob, dann Carol; dann wieder Alice usw. Was ist für Alice die beste Vorgehensweise?

Lösungen und Kommentare

Deterministisches Poker

Für dieses Rätsel müssen Sie ein wenig über die Rangfolge der Pokerhände wissen. Die beste Hand ist der Straight Flush (fünf Karten derselben Farbe in aufsteigender Reihenfolge); ein Straight Flush, bei dem ein As die höchste Karte ist (diese Hand ist als Royal Flush bekannt), schlägt einen Flush mit dem König als höchster Karte usw. in absteigender Folge.

Das bedeutet: Wenn Alice es zulässt, dass Bob einen Royal Flush zieht, dann ist sie erledigt. Daher muss Alices erstes Blatt, wenn sie eine Chance haben soll, eine Karte aus jedem der vier möglichen Royal Flushs enthalten.

Die beste Karte aus jeder Farbe ist für diesen Zweck die 10, denn sie macht alle Flushs unmöglich, bei denen die 10 oder eine höhere Karte die höchste Karte ist. Ein kurzes Nachdenken wird Sie überzeugen, dass jede Hand Alices gewinnt, in der die vier Zehnen enthalten sind. Bob kann nicht hoffen, einen Straight Flush zu bekommen, bei dem mehr als die 9 die höchste Karte ist. Er muss (um zu verhindern, dass Alice einen Royal Flush bekommt) von jeder Farbe mindestens eine hohe Karte ziehen und kann daher nur eine Karte unter 10 auswählen. Alice kann nun vier Karten aufnehmen, mit denen sie einen Straight Flush mit der 10 als höchste Karte erhält. Dabei ist die Farbe eine andere als die von Bobs niedriger Karte. Bob kann dagegen nichts machen. □

Alice hat auch noch andere Gewinnmöglichkeiten. Dieses seltsame Spiel erschien in einer frühen Kolumne von Martin Gardner, die von Charles C. Foster von der Princeton-Universität und Christine A. Peipers aus New York City vorgelegt wurde.

Schwedische Lotterie

Nehmen wir an, k sei die höchste Zahl, die irgendein Spieler bereit ist zu spielen. Wenn ein Spieler k wählt, dann gewinnt er jedes Mal, wenn sich die beiden anderen Spieler auf eine Zahl einigen, außer diese Zahl ist k. Aber wenn er $k + 1$ wählt, dann gewinnt er immer, wenn die beiden anderen sich einigen. Daher ist $k + 1$ ein besseres Spiel als k, da es zu keinem ausgeglichenen Spiel kommen kann. Der Widerspruch zeigt, dass beliebig hohe Ansagen in Erwägung gezogen werden müssen – manchmal sollte man 1 487 564 wählen. □

Die tatsächliche ausgeglichene Strategie verlangt von jedem Spieler, die Zahl j mit der Wahrscheinlichkeit $(1 - r)r^{j-1}$ vorzuschlagen, wobei

$$r = -\frac{1}{3} - \frac{2}{\sqrt[3]{17 + 3\sqrt{33}}} + \frac{\sqrt[3]{17 + 3\sqrt{33}}}{3},$$

was ungefähr 0,543689 ergibt. Die Wahrscheinlichkeit der Wahl von 1, 2, 3 und 4 beträgt jeweils ungefähr 0,456311, 0,248091, 0,134884 und 0,073335.

Diese ziemlich nette Lotterieidee wurde mir von Olle Häggström von der Chalmers-Universität in Göteborg übermittelt.

Ich weiß nicht, ob sie jemals umgesetzt oder gar ernsthaft für irgendeine offizielle Lotterie in Betracht gezogen wurde – aber denken Sie nicht auch, man sollte es einmal tun?

Pfannkuchen

Nehmen wir an, die Höhe der Stapel beträgt im Augenblick m und n, wobei $m > n$. Wenn der Quotient $r = m/n$ der Stapelhöhen strikt zwischen 1 und 2 liegt, dann ist der nächste Zug erzwungen, und der neue Quotient ist $\frac{1}{r-1}$. Diese Quotienten sind nur für $r = \phi = (1 + \sqrt{5})/2 \sim 1{,}618$ gleich (der goldene Schnitt); da ϕ irrational ist, muss einer der beiden Quotienten r und $\frac{1}{r-1}$ größer als ϕ sein, während der andere kleiner als ϕ ist.

Der erste Spieler (Alice) gewinnt genau dann, wenn der anfängliche Quotient von größerem zu kleinerem Stapel größer als ϕ ist. Um dies nachzuvollziehen, nehmen wir an, $m > \phi n$, aber m sei kein Vielfaches von n. Schreiben Sie $m = an + b$, wobei $0 < b < n$. Dann ist entweder $n/b < \phi$, in diesem Fall isst Alice an Pfannkuchen; oder $n/b > \phi$, woraufhin sie nur $(a - 1)n$ isst. Für Bob bleibt ein Quotient übrig, der kleiner als ϕ ist, und er sieht sich einem erzwungenen Zug gegenüber, der einen Quotienten größer als ϕ wiederherstellt.

Schließlich erreicht Alice einen Punkt, an dem ihr Quotient m/n eine ganze Zahl ist. An dieser Stelle kann sie die Stapel auf gleiche Höhe abbauen. An Bob bleibt dann der klitschige Pfannkuchen kleben. Aber bitte beachten Sie, dass Alice, wenn das erwünscht ist, einen ganzen Stapel für sich selbst abgreifen kann.

Wenn Alice aber mit einem Quotienten m/n konfrontiert wird, der strikt zwischen 1 und ϕ liegt, dann sitzt natürlich sie in der Klemme, und Bob kann den Rest des Spiels erzwingen.

Wir schließen daraus, dass (unabhängig davon, welche Version gespielt wird), falls die Stapel die Höhe $m > n$ haben, Alice genau dann gewinnt, wenn $m/n > \phi$. Nur im trivialen Fall, bei dem die Stapel zu Beginn gleich hoch sind, ist es von Belang, was das Ziel des Spiels ist.   □

Bill Gasarch von der University of Maryland machte mich auf dieses Spiel aufmerksam. Es stammt von der 12. Gesamtsowjetischen Mathematikolympiade 1978 in Taschkent. Mehr findet man in zwei Artikeln von Tamás Lengyel vom Occidental College: „A nim-type game and continued fractions" in *The Fibonacci Quarterly* Bd. 41 (2003), S. 310–320, und „On calculating the Sprague-Grundy function for the game Euclid" in *11th International Conference on Fibonacci Numbers and Their Applications*, 2004, S. 169–175.

Die Differenz bestimmen

Schreiben Sie die Differenz als $x - y$, wobei $x = abcd$ und $y = efgh$. Zu jedem Zeitpunkt des Spiels sei $x(0)$ das Ergebnis der Ersetzung der verbliebenen Sterne in x durch Nullen; Ähnliches gelte für $x(9)$, $y(0)$ und $y(9)$. Alice kann mindestens 4000 erreichen, indem sie Fünfen und Vieren so lange ausruft, bis Bob eine Ziffer an die Stelle a setzt; in diesem Fall sagt Alice für den Rest des Spiels Nullen an; wenn Bob die Position e wählt, schließt Alice mit lauter Neunen. Sie muss sicherstellen, dass jedes Mal, wenn sie „5" ruft, $x(9) \geq y(9)$ gilt, da Bob diese 5 auf die Position e platzieren könnte; in ähnlicher Weise muss sie gewährleisten, dass $x(0) \geq y(0)$ gilt, wenn sie „4" ruft, damit Bob die 4 nicht an Position a platzieren kann. Alice kann dies folgendermaßen erreichen:

Jedes Mal, wenn x and y gleich sind, sagt sie entweder „4" oder „5" an. Ansonsten seien u und v jeweils die Symbole in x und y, und zwar in der linkesten Position, an der sich x und y unterscheiden. Wenn $u = *$ (in diesem Fall $x(9) > y(9)$), dann sagt Alice „5" an; wenn $v = *$ (in diesem Fall $x(0) > y(0)$), sagt sie „4". Es kann nie vorkommen, dass $u = 4$ und $v = 5$ sind, und sind $u = 5$ und $v = 4$, dann gelten sowohl $x(9) > y(9)$ als auch $x(0) > y(0)$, so dass Alice entweder „4" oder „5" ansagen kann.

Auf der anderen Seite sichert sich Bob leicht die 4000, indem er sofort eine 4 oder eine kleinere Zahl in a platziert oder eine 5 oder eine höhere Zahl in e. Auf diese Weise lässt er den anderen führenden Stern in Ruhe, während er auf eine Nicht-Null (im ersten Fall) oder eine Nicht-Neun (im zweiten Fall) wartet. Daher erreicht er entweder $4000 - 0000$ oder $9999 - 5999$, wenn nicht sogar ein noch besseres Ergebnis. □

Dieses Rätsel geht mindestens bis auf die 6. Gesamtsowjetische Mathematikolympiade 1972 in Tscheljabinsk zurück.

Duell zu dritt

Dr. Richard Plotz aus Providence, Rhode Island, erinnerte mich an diesen alten Schatz. Er erschien in vielen Versionen, von denen eine bis zu Hubert Phillips 1938 erschienenem Rätselbuch *Question Time*, veröffentlicht bei J. M. Dent & Sons Ltd., London, zurückreicht.

Offensichtlich sollte Alice nicht auf Bob zielen; wenn sie Erfolg hat, wird sie anschließend von Carol erschossen, und das wars.

Wenn Alice auf Carol schießt und erfolgreich dabei ist, dann ist das Ergebnis ein Zweierduell zwischen Alice und Bob. Bob ist aber der bessere Schütze, *und* er hat den ersten Schuss. Alices Überlebenschance ist deutlich schlechter als $\frac{1}{3}$.

(Tatsächlich ist es so: p sei Alices Überlebenschance, wenn Bob anfängt; q sei die (größere) Überlebenswahrscheinlichkeit, wenn Alice beginnt; dann haben wir $p = \frac{1}{3} \cdot q$ und $q = \frac{1}{3} + \frac{2}{3} \cdot p$, was $p = \frac{1}{7}$ ergibt. Das ist nicht gut für Alice.)

Wenn Alice aber danebenschießt, wird Bob auf Carol zielen. Wenn er erfolgreich ist, dann haben wir wieder ein Duell zwischen Alice und Bob, aber dieses Mal schießt Alice zuerst, was ihre Chancen auf mehr als $\frac{1}{3}$ verbessert (und zwar auf $q = \frac{3}{7}$).

Bei einem Fehlschuss von Bob wird Carol ihn erschießen; Alice hat dann eine Chance, Carol zu erschießen. Ihre Überlebenswahrscheinlichkeit wäre in diesem Fall genau $\frac{1}{3}$.

Unabhängig davon, ob Bob es schafft, Carol zu erschießen oder nicht, ist es für Alice besser, wenn sie Carol verfehlt, statt sie zu treffen; und *viel* besser ist es für sie, wenn sie Bob verfehlt, statt ihn zu treffen.

Die beste Strategie für Alice besteht also darin, das Privileg des ersten Schusses zu verschleudern und in die Luft zu schießen.

Gerry Myerson von der Macquarie University der North Western Territories in Australien legt überzeugend dar, dass auch Bob in die Luft schießen sollte!   □

9 Handikaps

*LSD hat drei Nebenwirkungen: Verbessertes
Langzeitgedächtnis, schlechteres Kurzzeitgedächtnis, und die dritte habe ich vergessen.*

Timothy Leary (1920–1996)

In einem beliebten Witz aus Florida sitzen die beiden alten
Kauze Sam und Ted auf Sams Veranda und unterhalten sich.
„Es ist schrecklich", sagt Ted. „In letzter Zeit ist mein Kurzzeitgedächtnis so schlecht, dass ich mich keinen Tag daran
erinnern kann, ob ich nun meine Tabletten genommen habe
oder nicht."

„Ich weiß, was du meinst", antwortet Sam. „Aber mein
Arzt hat eine Lösung gefunden – ich nehme jetzt jeden Tag eine spezielle Erinnerungstablette, und sie wirkt wunderbar!"

„Ehrlich? Wie heißt diese Tablette? Vielleicht kann ich die
auch bekommen!"

„Hmm, das ist eine gute Frage. Lass mich mal nachdenken ... hm ... sag mir doch mal schnell den Namen einer
Pflanze."

„Einer Pflanze? So was wie ein Baum oder ein Busch?"

„Nein, etwas Kleineres, Hübscheres ... "

„Eine Blume?"

„Ja, eine rote vielleicht ... "

„Nelke? Tulpe?"

„Nein, es ist eine mit diesen spitzen Dingern ... "

„Rose?"

„Genau! Das ist es!" Sam dreht sich um und ruft durch die Tür ins Haus. „Rose! Wie war noch mal der Name dieser Erinnerungstabletten?"

Algorithmische Rätsel können bizarre Handikaps mit sich bringen, die oft mit eingeschränktem Speicher- oder Erinnerungsvermögen zu tun haben. Man benötigt einiges an Vorstellungskraft, um diese Rätsel anzugehen und eine Lösung zu finden, die auch von weniger fähigen Menschen als Ihnen angewandt werden kann. Unser Musterrätsel ist als vergleichsweise realistisch einzuschätzen.

Die fehlende Zahl finden

Ihnen werden sämtliche Zahlen von 1 bis 100 außer einer vorgelesen, alle zehn Sekunden eine, aber ohne eine bestimmte Reihenfolge. Sie haben einen gut entwickelten Verstand, aber Ihr Erinnerungsvermögen ist durchschnittlich, und Sie haben keine Möglichkeit, sich während des Vorlesens Aufzeichnungen zu machen. Wie können Sie sicherstellen, dass Sie hinterher die Zahl bestimmen können, die nicht vorgelesen wurde?

Lösung: Das ist leicht – Sie behalten die Summe der Zahlen, die vorgelesen wurden, im Kopf, indem Sie jede der Reihe nach zur Gesamtsumme addieren. Die Summe *aller* Zahlen von 1 bis 100 ist 100-mal so groß wie die durchschnittliche Zahl ($50\frac{1}{2}$), nämlich 5050; diese Zahl minus der Endsumme ergibt die fehlende Zahl.

Es besteht keine Notwendigkeit, sich die Hunderter- oder Tausenderstellen während dieses Vorgangs zu merken; eine Addition modulo 100 genügt. Am Ende subtrahieren Sie das Ergebnis von 50 oder 150, und Sie erhalten eine Antwort in der richtigen Größenordnung. □

Wenn man durch begrenzte Rechen- und Erinnerungsressourcen gehandikapt ist, dann wird der Umgang mit Datenströmen zum ernsten Problem. Ihre erste Aufgabe ähnelt dem Musterrätsel, aber sie entstand als ernsthaftes Problem in der Berechenbarkeitstheorie.

Die Mehrheit erkennen

Eine lange Namensliste wird verlesen – manche Namen mehrere Male. Ihre Aufgabe besteht darin, den Namen herauszufinden, der garantiert mehr als die Hälfte der Male verlesen wurde – wenn es denn einen solchen Namen gibt.

Sie haben aber nur einen Zähler und die Fähigkeit, immer nur einen Namen zu einem Zeitpunkt im Kopf zu behalten. Schaffen Sie es?

Das nächste Rätsel erhielt ich von John H. Conway von der Princeton-Universität (dem Erfinder des *Game of Life* und *vielen* anderen Errungenschaften). Man berichtet, das Problem habe eines seiner Opfer sechs Stunden lang in seinem Stuhl zur Bewegungsunfähigkeit verdammt.

Conways Rätsel

Drei Karten, ein As, ein König und eine Dame, liegen offen auf einigen oder allen von drei markierten Stellen („links", „Mitte" und „rechts") auf einem Tisch. Wenn sie alle auf derselben Stelle liegen, dann sehen Sie nur die oberste Karte;

wenn sie auf zwei Positionen liegen, dann sehen Sie lediglich
zwei Karten, und Sie wissen nicht, welche der beiden Karten
die dritte verbirgt.

Ihr Ziel ist, die Karten links so zu stapeln, dass das As obenauf
liegt, darunter der König und unten die Dame. Sie können
immer nur eine Karte auf einmal bewegen, und zwar immer
von der Spitze eines Stapels zu der eines anderen (möglicherweise leeren) Stapels.

Das Problem besteht darin, dass Sie über kein Kurzzeitgedächtnis verfügen und daher einen Algorithmus entwickeln
müssen, in dem jeder Zug ausschließlich darauf beruht, was
Sie sehen, und nicht darauf, was sie zuletzt gesehen oder getan haben oder wie viele Züge passiert sind. Ein Beobachter
wird Ihnen mitteilen, wenn Sie gewonnen haben. Können
Sie einen Algorithmus entwerfen, der – unabhängig von der
Ausgangsstellung – in einer begrenzten Anzahl von Schritten
zum Erfolg führen wird?

Zwei der verbleibenden drei Rätsel arbeiten mit Lichtschal-
tern – sehr nützlichen Geräten bei der Ausarbeitung von Rätseln. Das letzte Rätsel (angedeutet durch den Witz zu Beginn)
ist nur halbernst gemeint.

Rotierende Schalter

Vier identische, nicht gekennzeichnete Schalter sind in Serie
vor eine Glühbirne geschaltet. Die Schalter bestehen aus einfachen Knöpfen, deren Zustand nicht direkt sichtbar ist, den
man aber durch Drücken verändern kann. Sie sind auf den
Ecken eines drehbaren Quadrats montiert. Sie können zu jedem Zeitpunkt gleichzeitig jede beliebige Menge an Knöpfen drücken; danach aber dreht ein Gegner das Quadrat. Zeigen Sie, dass es einen deterministischen Algorithmus gibt, so

dass Sie die Glühbirne mit einer festgesetzten Höchstzahl an Schritten einschalten können.

Der Raum mit einer Lampe

Jeder von n Gefangenen wird unendlich oft alleine in einen bestimmten Raum geschickt, jedoch in einer willkürlichen Ordnung, die von dem Gefängniswärter bestimmt wird. Die Gefangenen haben die Möglichkeit, sich vorher zu beraten, aber wenn die Besuche erst einmal begonnen haben, besteht ihre einzige Kommunikationsmöglichkeit über eine Lampe, die sie in dem Raum an- oder ausschalten können. Helfen Sie den Gefangenen, ein Protokoll zu entwerfen, das sicherstellt, dass *irgendein* Gefangener schließlich in der Lage sein wird, den Schluss zu ziehen, dass jeder von ihnen den Raum besucht hat.

Die zwei Sheriffs

Zwei Sheriffs aus benachbarten Städten sind einem Mörder auf der Spur. In unserem Fall gibt es acht Verdächtige. Dank voneinander unabhängiger, verlässlicher Detektivarbeit haben beide nur noch zwei Verdächtige auf ihrer Liste. Jetzt telefonieren sie miteinander, um ihre Informationen zu vergleichen. Haben sie genau einen gemeinsamen Verdächtigen, dann ist er der Mörder.

Die Schwierigkeit besteht darin, dass die Telefonleitung von einer aufgebrachten Menschenmenge, die den Mörder lynchen möchte, abgehört wird. Die Menge kennt zwar die ursprüngliche Liste der Verdächtigen, aber nicht die Paare, zu denen die Sheriffs inzwischen gelangt sind. Wenn der Mob den Mörder anhand des Telefongesprächs mit Sicherheit identifizieren kann, dann wird er gelyncht werden, bevor die Sheriffs ihn ins Gefängnis stecken können.

Können die Sheriffs, die sich nie getroffen haben, ihre Unterhaltung so führen, dass sie beide (sofern dies möglich ist) am Ende wissen, wer der Mörder ist, der Mob aber immer noch nichts Genaues weiß?

Der zerstreute Patient

Ein zerstreuter Mathematikprofessor muss jeden Tag eine Tablette einnehmen; er hat aber Probleme mit seinem Kurzzeitgedächtnis und kann sich nie erinnern, ob er seine tägliche Tablette schon genommen hat oder nicht. Als Gedankenstütze hat er sich eine durchsichtige Siebentage-Pillendose gekauft, bei der die Kästchen mit SO, MO, DI, MI, DO, FR, SA gekennzeichnet sind. Zum Glück weiß der Professor dank seiner Vorlesungen immer, welcher Wochentag ist.

Das Problem besteht nun darin, dass der Professor ein neues Fläschchen mit ungefähr 30 Tabletten bekommt, wenn seine alten Tabletten verbraucht sind. Dies kann aber an jedem Wochentag geschehen. Er möchte das Fläschchen komplett in die Pillenschachtel einfüllen, aber nun weiß er nicht mehr, wie viele Tabletten im Fläschchen sind oder an welchem Wochentag er die Flasche erhalten hat.

Die offensichtliche Lösung ist, die Tabletten nacheinander in die Schachtel zu tun, wobei er mit dem heutigen Tag beginnt. Dies funktioniert aber nicht, denn, wenn er später an dem Punkt angelangt ist, an dem in allen Kästchen die gleiche Zahl von Tabletten liegt, kann er sich nicht mehr erinnern, ob er an diesem Tag die Tablette schon genommen hat oder nicht. Also versucht der Professor es damit, *alle* Tabletten in das Kästchen für den heutigen Tag zu legen, um sie dann alle nach rechts zu verschieben, wenn er eine Tablette genommen hat. Aber da gibt es das Problem, dass er sich nicht daran erinnert, dass er die Tabletten verschieben muss!

Können Sie dem Professor mit einem Algorithmus helfen, der ihm mitteilt, basierend allein auf dem Wochentag und dem, was er in den Kästchen sieht, ob er eine Tablette nehmen sollte und aus welchem Kästchen? Der Algorithmus sollte ihm sagen, wie er die Tabletten zu verteilen hat, wenn er sie erhält, und er sollte ihm ermöglichen, die Tabletten später zu verschieben.

Lösungen und Kommentare

Die Mehrheit erkennen

Die Idee ist folgende: Wenn der Zähler zu Beginn auf 0 steht, dann merken Sie sich den Namen, den Sie gerade gehört haben, und stellen den Zähler auf 1. Wenn der Zähler höher als 0 steht, dann stellen Sie ihn um 1 höher, wenn gehörter und gemerkter Name übereinstimmen. Ansonsten stellen Sie den Zähler um 1 zurück; merken Sie sich aber weiterhin denselben Namen.

Natürlich könnten Sie am Ende einen Namen im Gedächtnis haben, der nur einmal vorkam (wenn zum Beispiel die Liste „Alice, Bob, Alice, Bob, Alice, Bob, Charlie" lautet). Wenn der Name jedoch mehr als die Hälfte der Zeit vorkommt, ist es sicher, dass Sie ihn am Ende noch in Ihrem Gedächtnis haben. Der Grund liegt darin, dass der Zähler häufiger erhöht als verringert wird, wenn dieser Name im Gedächtnis ist. □

Dieser Algorithmus wird von M. J. Fischer und S. L. Salzberg in „Finding a Majority Among n Votes", *Journal of Algorithms*, Bd. 3, Nr. 4 (1989), S. 362–380, beschrieben.

Conways Rätsel

Es ist schwierig, einen Algorithmus zu entwickeln, der Fortschritte erbringt, das Im-Kreise-Drehen verhindert und nicht irgendetwas Dummes anstellt, wenn der Sieg nahe ist. Der folgende Algorithmus kann all das.

Ziehen Sie eine Karte nach rechts (zyklisch, das heißt nach „rechts" wieder bei „links" anfangend) zu einer unbesetzten Position, falls es eine gibt, außer wenn Sie (König, –, As) oder (König, As, –) sehen; in diesem Fall legen Sie das As auf den König. Wenn alle drei Karten sichtbar sind und die Dame links liegt, dann legen Sie den König auf die Dame; ansonsten bewegen Sie die Karte rechts von der Dame um eins nach rechts (wiederum zyklisch falls notwendig).

Es ist klar, dass man mit keinem Zug einen Stapel mit drei Karten erreicht, es sei denn, es handelt sich um die Gewinnanordnung. Zwei-und-eins-Anordnungen offenbaren alle Karten in höchstens drei Zügen, selbst (König, –, As) oder (König, As, –); es sei denn, das Spiel ist gewonnen. Daher genügt es zu überprüfen (siehe Diagramm), dass die sechs möglichen Anordnungen, bei denen alle Karten offen gelegt sind, zum Gewinn führen.   □

Erstaunlicherweise kann man den Algorithmus verallgemeinern, so dass er mit jeder (festgesetzten und bekannten) Kartenzahl in drei Stapeln funktioniert. Die folgenden Regeln (angegeben nach Rangfolge) stapeln angenommene 52 Karten, die von 1 bis 52 nummeriert sind, schließlich geordnet auf der linken Seite, wobei die 1 oben liegt:

1. Sieht man $(2, 1, –)$, lege 1 auf 2.

2. Sieht man nur zwei Karten, bewege eine Karte nach rechts (wenn notwendig zyklisch) zur leeren Position.

3. Sieht man $(k, j, k − 1)$ mit $j < k$, lege $k − 1$ auf k.

4. Sieht man nur eine Karte, bewege eine Karte nach links.

5. Sieht man drei Karten, bewege die Karte rechts von der höchsten Karte nach rechts.

Wir wollen beweisen, dass dies wirklich funktioniert. Nehmen wir an, Karte 52 liegt offen in der mittleren oder rechten Position. Wenn wir die Regeln (2) and (5) anwenden, dann wird sie schließlich mit allen Karten, die in der Mitte gestapelt sind, an die linke Position wandern. Wenn diese Karten sich mit Regel (2) nach rechts bewegen, werden die Karten $51, 50, 49, \ldots, k$ mit Regel (3) mit einem gewissen $k < 52$ auf Karte 52 gestapelt, bis die Mitte geleert ist. Wenn $k = 1$, sind wir natürlich fertig, da Regel (1) die Arbeit beendet hat. Im anderen Fall wird Karte k dann mit Regel (2) in die Mitte und mit Regel (5) nach rechts befördert; die Karte $k + 1$ folgt auf ähnliche Weise, bis 51 Karten rechts gestapelt sind, mit der 51 unten und k obenauf.

Jetzt wird 52 in die Mitte bewegt, der rechte Stapel auf die linke Position invertiert, 52 nach rechts bewegt, der linke Stapel auf die Mitte rück-invertiert und 52 wieder nach links bewegt. An dieser Stelle liegen in der Mitte 51 bis k, und 51 ist obenauf. Jetzt werden die Karten 51 bis hinunter zu k mit Regel (2) nach rechts bewegt und dann mit Regel (3) links gestapelt, bis links wieder $k, k + 1, \ldots, 52$ gestapelt sind.

Die rechte Position ist jetzt leer, deshalb ist die Karte $k - 1$ nun irgendwo in der Mitte. Wenn sie nicht unten liegt, dann kommt sie zum linken Stapel, und die Vorgehensweise oben wird für $k' < k$ wiederholt. Sollte die Karte unten liegen, dann wird sie nicht nach links geschoben (es sei denn, es handelt sich um Karte 1), denn wenn sie sich laut Regel (5) nach rechts bewegt, wird die Mitte offen sein; dies zwingt uns, Regel (2) statt Regel (3) anzuwenden. Beim nächsten Durchgang wird aber der mittlere Stapel gewendet, und $k - 1$ liegt obenauf. Daher fällt der Wert von k mindestens bei jedem zweiten Mal, wenn 52 erneut zu der linken leeren Position bewegt wird.

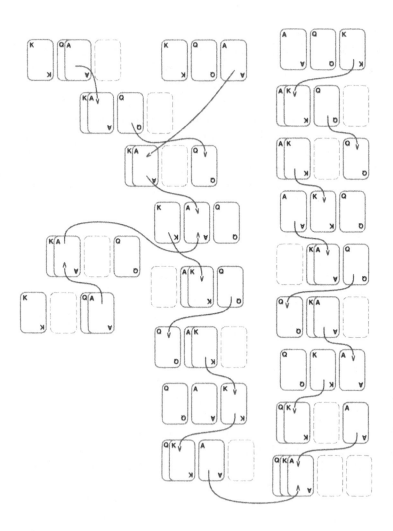

Jetzt haben wir es geschafft, falls wir zeigen können, dass die Bedingung, die wir oben vorausgesetzt haben – dass 52 offen in der mittleren oder rechten Position liegt –, schließlich erfüllt werden muss. Nehmen wir zuerst an, 52 liegt offen auf dem linken Stapel mit anderen Karten darunter. Dann können mit Regel (3) 51, 50, ..., k auf ihm gestapelt werden, wobei einige Karten sich dann schließlich im mittleren und möglicherweise im rechten Stapel befinden. Die Regeln (2) und (5) machen dann die Mitte frei. Die Karte k bewegt sich in die Mitte und dann nach rechts, danach in ähnlicher Weise $k + 1$ usw., bis 52 wieder offen gelegt ist – aber dieses Mal ist die mittlere Position leer (nachdem 51 nach rechts gewandert ist). Karte 52 wird dann in die Mitte gelegt, und die gewünschte Bedingung ist geschaffen.

Rotierende Schalter

Dieses Rätsel erreichte mich über Sasha Barg von der Universität von Maryland, aber es scheint, als sei es vielerorts bekannt. Wie bei vielen Rätseln ist es hilfreich, sich zuerst eine einfachere Fassung anzuschauen. Sehen Sie sich eine Fassung mit zwei Schaltern an: Wenn Sie beide Knöpfe drücken, wissen Sie, ob sie beide im gleichen Status waren, denn dann wird die Lampe angehen (falls sie nicht bereits angeschaltet war). Im anderen Fall drücken Sie erst einen Knopf, wonach sich beide Schalter im selben Zustand befinden werden; schlimmstenfalls geht die Lampe nach nochmaligem Drücken beider Knöpfe an.

Zurück zu den vier Schaltern. A soll für die Handlung stehen, in der alle vier Knöpfe gedrückt werden, D für das Drücken zweier sich diagonal gegenüberliegender Knöpfe, N für zwei benachbarte Knöpfe und S für einen einzelnen Knopf. Die Abfolge ADANASADAND schaltet dann die Lampfe in höchstens zwölf Schritten ein.

Allgemeiner gesagt: Für Schalter an den Ecken eines $n = 2^k$-Ecks kann man in $2^n - 1$ Schritten wie folgt verfahren: Es seien $X = X_1, \ldots, X_m$ die Schritte für $n/2 = 2^{k-1}$. Ordnen Sie die Schalter paarweise antipodisch an; wenn X_i ein $n/2$-Schritt ist, der die Knöpfe $i_1, \ldots, i_j$ drückt, dann lassen wir X_i' den n-Schritt sein, welcher $i_1, \ldots, i_j$ und $i_1 + n/2, i_2 + n/2, \ldots,$ $i_j + n/2$ drückt. X' steht dann für die Folge von $X_1', \ldots, X_m'$ Schritten.

Wir benötigen ebenso den n-Schritt X_i'', der nur die Knöpfe $i_1, \ldots, i_j$ drückt.

Ein antipodisches Paar nennen wir „gerade", wenn beide Schalter an oder aus sind. Wenn alle Paare gerade sind, dann wird die Anwendung von X' alle Schalter anschalten; die Idee ist, $X_1'', X_2'', \ldots$ anzuwenden, als Versuch, alle Paare zu geraden zu machen, wobei wir jedes Mal über eine Anwendung von X' überprüfen, ob wir erfolgreich waren. Die Reihenfolge ist daher

$$X_1', \ldots, X_m'; X_1''; X_1', \ldots, X_m'; X_2'',$$
$$X_1', \ldots, X_m'; \ldots; X_m''; X_1', \ldots, X_m'$$

oder kompakter $X'; X_1''; X'; X_2''; X'; \ldots; X_m''; X'$. Dies sind $(m+1)m + m = m(m+2)$ Schritte insgesamt. Wenn $f(n)$ die Zahl der Schritte anzeigt, um das n-Eck zu lösen, dann sieht man $f(2n) = (2^n - 1)(2^n + 1) = 2^{2n} - 1$ und $f(1) = 2^1 - 1 = 1$; es ist also konsistent.

Die Folge funktioniert, da die X'' Schritte bei den geraden und ungeraden Paaren genauso wirken wie die X Schritte bei den An- versus Aus-Paaren. Die X Schritte dazwischen haben überhaupt keine Auswirkung auf die Gerade- versus Ungerade-Konfiguration. $\square$

Auf der anderen Seite ist das Problem unlösbar, wenn n keine Potenz von 2 ist, zum Beispiel $n = m2^k$ für ein ungerades m. Wir können binäre Vektoren der Länge n verwenden, um sowohl Anordnungen der Schalter (1 = an, 0 = aus) als auch Operationen (1 = drücken, 0 = nicht drücken) auszudrücken. Wenn v solch ein Vektor ist, dann repräsentierte v^i das Ergebnis, wenn v in i Schritten nach rechts rotiert. Wenn wir die Bewegung w auf die Konfiguration u anwenden, dann würde dies zur Anordnung $u + w$ führen, falls es keine Rotation gäbe; aber da es eine gibt, erhalten wir tatsächlich $u + w^i$ mit einem unbekannten i.

Wir nennen einen n-Vektor v „rau", wenn die Größe der Menge seiner Rotationen $v = v^0, v^1, \ldots, v^{n-1}$ keine Potenz von 2 ist. Nehmen wir (wie zu Beginn) an, dass jede raue Konfiguration bei irgendeiner Rotation möglich ist. Dann behaupten wir, dass nach irgendeiner festgelegten Operation w jede raue Konfiguration in irgendeiner Rotation *immer noch* möglich ist. Daher kann man niemals irgendeine der rauen Konfigurationen eliminieren; insbesondere kann man nicht garantieren, $11 \ldots 1$ zu erreichen.

Wenn n ungerade, das heißt $n = m$ ist, dann sind alle Vektoren außer $00 \ldots 0$ und $11 \ldots 1$ rau. Wenn w irgendein Vektor und v irgendein rauer Vektor ist, dann werden entweder $v - w$ (was dasselbe wie $v + w$ ist) oder $v - w^1$ rau sein; wenn wir also eine Rotation einer dieser beiden hätten, bevor wir w anwendeten, dann könnten wir jetzt eine Rotation v haben.

Wenn $n = m2^k$ für $k > 1$, können wir den n-Zyklus in m Segmente der Länge 2^k aufbrechen, und u ist rau, solange es nicht auf jedem Segment dasselbe ist. Wenn es daher rau ist, gibt es irgendein $1 \leq j \leq 2^k$ der Art, dass die Koordinaten $i2^k + j$, für $1 \leq i \leq m$, nicht alle gleich sind. Nun wenden wir das gleiche Argument wie oben an und betrachten nur diese m Koordinaten.

Der Raum mit einer Lampe

Ich bekam dieses Rätsel von Adam Chalcraft, der sich die
Auszeichnung erwarb, Großbritannien international im
Einrad-Hockey zu vertreten. Das Rätsel erschien auch auf
www.ibm.com and wurde in *Emissary* abgedruckt, dem
Newsletter des Mathematical Sciences Research Institute in
Berkeley, Kalifornien. Eine Version tauchte 2003 sogar in der
zu Recht berühmten Radiosendung *Car Talk* auf. Eine aus-
führliche Diskussion des Rätsels ist auf http://www.
cut-the-knot.org/htdocs/dcforum/DCForumID4/634.shtml zu
lesen (berücksichtigen Sie aber, dass dort der Schalter ausgeschaltet ist, wenn das Spiel beginnt).

Ich möchte die Leser darauf hinweisen, dass dieses Rätsel manchmal mit einem anderen, sehr viel schwierigeren
verwechselt wird, das Sie im nächsten Kapitel kennenlernen
werden.

Natürlich ist es eine notwendige Annahme, dass zwischen
den Besuchen der Gefangenen niemand mit der Zimmerlam-
pe herumspielt; aber die Gefangenen müssen den ursprünglichen Zustand der Lampe nicht kennen. Die Idee ist, dass einer der Gefangenen, zum Beispiel Alice, wiederholt versucht,
das Licht anzumachen, und jeder der anderen es *zweimal* ab-
schaltet.

Um es genauer auszudrücken: Alice schaltet das Licht immer dann ein, wenn sie es ausgeschaltet vorfindet; ist es bereits angeschaltet, dann lässt sie es so. Der Rest der Gefangenen schaltet das Licht bei den ersten beiden Malen aus, wenn
es angeschaltet ist, danach wird es unverändert belassen.

Alice beobachtet, wie oft sie den Raum nach ihrem ersten
Besuch dunkel vorfindet; nach $2n - 3$ Besuchen des dunklen
Zimmers kann sie schließen, dass jeder den Raum aufgesucht
hat. Warum ist das so? Jedes Mal, wenn Alice das Zimmer dunkel vorfindet, weiß sie, dass einer der anderen $n - 1$ Gefan-

genen hier war. Wenn einer von ihnen, etwa Bob, nicht im Raum war, dann kann das Licht nicht öfter als $2(n - 2) = 2n - 4$ Mal abgeschaltet worden sein. Andererseits *muss* Alice schließlich ihre $2n - 3$ Besuche im Dunkeln erreichen, denn schließlich wird das Licht $2(n - 1) = 2n - 2$ Mal abgeschaltet worden sein, und nur eine dieser Abschaltungen (die von einem Gefangenen verursacht wurde, der den ursprünglich beleuchteten Raum vor Alices erstem Besuch verdunkelte) kann dazu führen, dass Alice keinen dunklen Raum vorfindet.

Bei nur zwei Gefangenen ist klar, dass jeder aus dem Besuch des anderen etwas lernen kann. Denn Alice kann auf ihren ersten Besuch in einem dunklen Zimmer warten, Bob dagegen auf seinen ersten Aufenthalt im *hellen* Zimmer. Dennoch kann man zeigen, dass es für $n > 2$ keine Garantie gibt, dass mehr als ein Gefangener erfährt, ob alle im Zimmer waren. □

Es folgt nun ein skizzenhafter Beweis, den Sie überspringen können, wenn Sie nicht besonders daran interessiert sind, wie man negative Ergebnisse in Kommunikationsrätseln dieser Art erhält. Ich füge den Beweis hier ein, weil er meines Wissens nirgendwo anders erschienen ist.

Wir argumentieren, dass der Gegner (der, wie wir annehmen, die Besuche plant, wobei er die Strategie der Gefangenen kennt) andere Aktionen als die, die wir im obigen Protokoll verwendet haben, nutzlos machen kann.

Konzentrieren wir uns auf eine Gefangene, zum Beispiel Alice. Von ihrer Strategie kann man annehmen, dass sie deterministisch ist und nur auf der Abfolge der Lichtzustände beruht, die sie bis dahin beobachtet hat.

Nehmen wir an, Alices Strategie verlangt unter bestimmten Umständen, dass sie den Zustand des Lichts verändert, wenn sie es in dem Status vorfindet, in dem sie es zuletzt verlassen hat. In diesem Fall könnte sie der Gegner sofort nach einem Besuch wieder in den Raum führen und so ihren vor-

herigen Besuch „entwerten"; tatsächlich stellt dieser Teil von
Alices Strategie dem Gegner eine zusätzliche Option zur Verfügung. Daher gehen wir davon aus, dass Alice den Zustand
des Lichts niemals ändert, wenn sie es so vorfindet, wie sie
es verlassen hat.

Wir nehmen als Nächstes an, dass von Alice an einem bestimmten Punkt verlangt wird, den Status so zu belassen, wie
sie ihn vorgefunden hat. Dann, so behaupten wir, wird sie nie
mehr handeln. Warum? Wenn der Gegner will, dass sie nie
mehr handelt, kann er sicherstellen, dass sie niemals einen
Zustand vorfindet, der sich von dem letzten unterscheidet.
Wenn Alice tatsächlich permanent untätig *wird*, wiederholt
sich wenigstens einer der beiden Zustände (an oder aus) unendlich oft. Nehmen wir an, es sei der Zustand „aus". Dann
kann er Alice so einplanen, dass sie „aus" jetzt und bei jedem
folgenden Besuch sieht; daher wird sie nie wieder handeln.
Also hat der Gegner einmal mehr die Option, Alice für immer
zum Schweigen zu bringen; deshalb können wir annehmen,
dass dies seine einzige Option ist.

Offensichtlich kann Alice nicht mit der Anweisung beginnen, den Zustand unverändert zu lassen, denn in diesem Fall
ist sie für alle Zeiten inaktiv, und niemand wird erfahren, dass
sie den Raum besucht hat.* Nehmen wir an, sie schaltet das
Licht an, wenn es aus ist; ansonsten lässt sie es an. Dann
würde sie nichts unternehmen, bis sie das Licht wieder ausgeschaltet vorfindet. An diesem Punkt kann sie das Licht wieder einschalten oder für immer untätig bleiben. Daher ist sie
darauf beschränkt, das Licht „j" Mal anzuschalten (was auch
konstant sein kann, anderenfalls hat der Gegner weitere Op-
tionen). Wir nennen diese Strategie $+j$, wobei j eine positive
ganze Zahl oder unendlich ist. In ähnlicher Weise lässt sich
argumentieren, wenn sie angewiesen wird, das Licht beim
ersten Besuch abzuschalten. Dies führt zur Strategie $-j$.

---

* Es sei denn, sie ist stark parfümiert . . .

Die einzig verbleibende Möglichkeit ist die Anweisung, den Status des Lichts bei ihrem ersten Besuch zu verändern. In diesem Fall muss sie wie oben dargelegt fortfahren, wobei ihr Vorgehen davon abhängt, ob sie das Licht zuerst an- oder abgeschaltet hat. Wiederum gibt dies nur dem Gegner eine zusätzliche Option.

Jeder Gefangene hat also lediglich die Strategie $+j$ oder $-j$ für verschiedene j zur Verfügung. Wenn sie alle das Licht nur ab- oder anschalten, dann lernt niemand etwas. Daher können wir annehmen, dass die Strategie von Alice $+j$ sein wird und die von Bob $-k$. Wenn Charlie das Licht anschaltet, ist Alice niemals in der Lage, den Unterschied zwischen Bob und Charlie herauszufinden, wenn beide fertig sind oder wenn sie noch einen Besuch vor sich haben. Wenn Charlie das Licht ausmacht, dann wird Bob „im Dunkeln stehen".

Fassen wir zusammen: Wenn ein Gefangener in der Lage sein soll zu entscheiden, dass alle anderen den Raum besucht haben, dann muss Alice das Licht anschalten, während alle anderen es abschalten (oder umgekehrt). Wenn ihre Strategie tatsächlich $+j_1$ ist und die der anderen $-j_2, \ldots, -j_n$, dann ist es leicht zu überprüfen, dass es notwendig und hinreichend ist, dass jedes j_i endlich, aber mindestens 2 ist und j_1 größer als die Summe der anderen j_i abzüglich des Kleinsten unter ihnen ist.

Es folgt: Wenn $n > 2$, dann weiß höchstens ein Gefangener garantiert, dass alle anderen den Raum besucht haben. Uff!

Die zwei Sheriffs

Wenn die beiden Sheriffs (wir wollen sie Lew und Ralph nennen) eine geheime Information teilen, können sie diese nutzen, um ihre Unterhaltung zu „verschlüsseln" und so ihr Ziel zu erreichen. Aber da sie sich nie zuvor getroffen haben, müssen sie ihr gemeinsames Geheimnis erst entwickeln.

Wir wollen durchweg annehmen, dass die Verdächtigenpaare, auf die Lew und Ralph ihre Suche eingegrenzt haben, nicht identisch sind, so dass der Mörder potenziell identifizierbar ist. Wenn beispielsweise Lew ganz einfach seine Verdächtigen beim Namen nennt, dann kennt Ralph den Mörder. Aber in diesem Fall wird auch der Lynchmob alles wissen, was Lew weiß, und jeder Versuch von Ralph, Lew den Namen des Mörders mitzuteilen, ohne ihn zugleich dem Mob zu verraten, muss scheitern.

Offensichtlich müssen sich Lew und Ralph dem Namen des Mörders auf subtilere Weise nähern. Fertigen wir eine Tabelle aller $8 \cdot 7/2 = 28$ möglichen Verdächtigenpaare an, und zwar in der Weise, dass jede Spalte der Tabelle eine Unterteilung der acht Verdächtigen in vier Paare bildet. Hier ist eine Möglichkeit:

$$\{1,2\} \quad \{1,3\} \quad \{1,4\} \quad \{1,5\} \quad \{1,6\} \quad \{1,7\} \quad \{1,8\}$$
$$\{3,4\} \quad \{2,4\} \quad \{2,3\} \quad \{2,6\} \quad \{2,5\} \quad \{2,8\} \quad \{2,7\}$$
$$\{5,6\} \quad \{5,7\} \quad \{5,8\} \quad \{3,7\} \quad \{3,8\} \quad \{3,5\} \quad \{3,6\}$$
$$\{7,8\} \quad \{6,8\} \quad \{6,7\} \quad \{4,8\} \quad \{4,7\} \quad \{4,6\} \quad \{4,5\} \,.$$

Lew und Ralph können am Telefon die ganze Problematik, wie sie dem Mob die Informationen nicht preisgeben, frei diskutieren. Insbesondere ist nichts dagegen einzuwenden, wenn sie sich auf eine Nummerierung der acht Verdächtigen einigen und eine Tabelle wie die vorliegende erstellen.

Nun sagt Lew zu Ralph, in welcher Spalte sich sein Verdächtiger befindet. Wenn Lews Paar beispielsweise $\{1,2\}$ ist, dann sagt er „Mein Paar ist in der ersten Spalte".

Wenn Ralphs Paar sich in derselben Spalte befindet, dann weiß er sofort, dass er und Lew das gleiche Paar haben. Er kann das auch sagen. Danach können die Sheriffs auflegen und wieder an die Arbeit gehen.

Im anderen Fall weiß Ralph, dass Lews Paar eines von zwei in dieser Spalte ist. Um das Beispiel fortzuführen: Wenn Ralphs Paar $\{2, 3\}$ ist, weiß er, dass Lews Paar entweder $\{1, 2\}$ oder $\{3, 4\}$ sein muss. Er teilt dann die Spalte dergestalt in zwei gleiche Teile, dass beide Paare im gleichen Teil sind, und teilt Lew diese Teilung mit.

Im Beispielfall könnte er zu Lew sagen: „Entweder ist mein Paar unter $\{1, 2, 3, 4\}$ oder unter $\{5, 6, 7, 8\}$." (Wenn Ralphs Paar stattdessen $\{2, 5\}$ wäre, könnte er sagen: „Entweder ist mein Paar unter $\{1, 2, 4, 5\}$ oder unter $\{3, 4, 7, 8\}$.")

Lew wird natürlich wissen, in welchem Teil sich Ralphs Paar befindet, denn es kann nur derselbe Teil sein, in dem sich sein *eigenes* Paar befindet. Lew und Ralph haben nun ein gemeinsames Geheimnis!

Lew kann Ralph jetzt mitteilen, ob Lews Paar das erste oder das zweite innerhalb des relevanten Teils ist. Wenn zum Beispiel wie oben die beiden Paare $\{1, 2\}$ und $\{1, 3\}$ sind, kann Lew sagen: „Mein Paar ist das erste im Teil" oder – was dem entspricht – „Mein Paar ist entweder $\{1, 2\}$ oder $\{5, 6\}$".

Ralph kennt nun Lews Paar und damit die Identität des Mörders. Er kann Lew dieses Wissen ganz einfach übermitteln, indem er sagt, ob der Verdächtige mit der höheren oder niedrigeren Nummer der Mörder ist. Hier würde er sagen: „Der Mörder ist der mit der höheren Nummer in deinem Paar" oder gleichwertig „Der Mörder ist entweder 2 oder 6".

Der Mob kann nicht wissen, über welchen „Teil" Lew und Ralph sprechen. In unserem Beispiel wäre die gesamte Unterhaltung, die der Mob hört, exakt die gleiche, wenn Lews Paar $\{5, 6\}$ gewesen wäre und Ralphs Paar $\{6, 7\}$ oder $\{6, 8\}$; in diesem Fall wäre der Mörder 6 statt 2. □

Das Rätsel der beiden Sheriffs erschien in D. Beaver, S. Haber und P. Winkler, „On the Isolation of a Common Secret",

in *The Mathematics of Paul Erdős*, Bd. II, herausgegeben von
R. L. Graham und J. Neetřil, Springer-Verlag, Berlin, 1996. Das
Rätsel wurde als Beispiel für eine Entdeckung ersonnen, die
Ihr Autor vor 25 Jahren machte: dass nämlich gemeinsames
Wissen über einen offenen Kanal in ein gemeinsames Geheimnis umgewandelt werden kann. Die Idee war ursprünglich für Bridge gedacht. Bei diesem Spiel ist es den Partnern
nicht erlaubt, vorab Verabredungen über die Bedeutung von
Ansagen oder Spielzügen vorzunehmen. Seit 1924 Kontrakt-
Bridge erfunden wurde, glaubte man irrtümlich, diese Regel
verhindere jede geheime Kommunikation zwischen den Partnern. Diese Täuschung hatte eine abschreckende Wirkung
auf die Entwicklung durchdachter Methoden für das Reizen
und die Verteidigung, denn viele Spieler glaubten, diese Methoden würden ihren Gegnern zu viele Informationen preisgeben; so würde beispielsweise eine wissenschaftlich durch-
geführte Schlemm-Auktion den Gegnern mitteilen, welche
Karte zuerst ausgespielt werden sollte.

Die Karten in Ihrer Hand (von denen Sie wissen, dass Ihr
Partner sie nicht hat) geben dennoch Ihnen und Ihrem Partner ein gemeinsames Wissen, das zu geheimer Kommunikation genutzt werden kann. Details und Verweise finden Sie in
P. Winkler, „The Advent of Cryptology in the Game of Bridge"
in *Cryptologia*, Bd. 7 #4 (Oktober 1983), S. 327–332.

Der zerstreute Patient

Die Pillenschachtel des Professors, die Sie auf Seite 164 abgebildet sehen, besteht aus sieben durchsichtigen Fächern mit
der Bezeichnung SO, MO, DI, MI, DO, FR, SA. Um das Problem
des Professors zu verstehen, nehmen wir ein Beispiel: Der
Professor öffnet an einem Freitagmorgen eine neue Schachtel
mit 30 Tabletten. Er möchte diese so auf die Fächer verteilen,
dass er, beginnend mit dem heutigen Tag, sehen kann, ob er

seine tägliche Tablette bereits genommen hat, anderenfalls er eine Tablette aus dem richtigen Fach nimmt.

Es gibt einen offensichtlichen Weg: Er legt fünf Tabletten in FR und SA und jeweils vier in SO, MO, DI, MI und DO. Sein Algorithmus ist folgender:

> *Wenn die Tablettenschachtel einen zusammenhängenden (mod 7) String aus Fächern mit k Tabletten und einem Rest mit nur k − 1 Tabletten darstellt, weiß der Professor, dass das „schwere" Fach ganz links (mit k Tabletten) die nächste Tablette enthält. Wenn es Mittwoch ist und dieses Fach mit MI beschriftet ist, dann nimmt er eine Tablette daraus, aber wenn dieses „schwere" Fach mit DO beschriftet ist, dann weiß er, dass er seine MI-Tablette bereits genommen hat.*

Die Schwierigkeit besteht darin, dass die Fächer sich alle sieben Tage auf dem gleichen Level befinden, da alle die gleiche Anzahl Tabletten enthalten. Welches Fach ist dann zu wählen? Im vorliegenden Beispiel kann der Professor erkennen, dass der Gleichstand am Sonntag eintreten wird; also legt er fest, dass SO der auszuwählende Spender ist, wenn alle Fächer sich auf gleichem Level befinden. Wenn er also sieht, dass alle Fächer gleich voll sind, und wenn es Sonntag ist, dann nimmt er eine Tablette aus dem SO-Fach; wenn es Samstag ist, hat er seine Tablette bereits genommen.

So entwickelt sich alles aufs Beste, bis er 30 Tage später wieder eine Lieferung mit 30 Tabletten erhält. Diesmal ist es ein Sonntag; wenn er also jeweils fünf Tabletten in SO and MO gibt und in die Fächer für die anderen Tage jeweils vier, dann wird der Gleichstand immer am Dienstagmorgen und nicht am Sonntagmorgen erreicht. Das wäre ein Desaster, denn er könnte sich niemals merken, dass jetzt DI das „Gleichstandfach" ist und nicht mehr SO.

Es muss eine Lösung für dieses Problem geben, die nicht darin besteht, einige Tabletten in der Flasche zu lassen oder sie wegzuwerfen. Aber wie könnte die aussehen? Der Professor benötigt eine verlässliche Methode, das Fach zu markieren, das als Nächstes an der Reihe ist. Er könnte eine auffällig große Menge Tabletten in ein Fach tun und dann diesen „Schatz" jeden Tag weiterbewegen, aber dann kann er nicht sicher sein, dass er daran gedacht hat, dies zu tun. Irgendwie muss der Professor einen Algorithmus entwickeln, der es ihm ermöglicht, jeden Tag seine Tablette zu nehmen, ohne Pillen umherzuschieben.

Natürlich beginnt sich der Professor zu fragen, ob dieses Problem überhaupt lösbar ist. Kann er vielleicht einen Beweis für seine Unlösbarkeit entwickeln? Wenn er jeden Tag nichts weiter tut, als seine Tablette aus dem für diesen Tag markierten Fach zu nehmen, dann ist klar, wenn er das Procedere von der letzten Tablette aus aufzäumt, dass die Tablettenschachtel entweder jeden Tag Gleichstand zeigt oder eine zusammenhängende Folge von Fächern mit k Tabletten aufweist; der Rest hat dann $k - 1$. Auf diese Weise landet er wieder bei seinem ursprünglichen Problem – sich nach einem Wechsel merken zu müssen, welches Fach das „Gleichstandfach" ist.

Moment mal: Gibt es eigentlich irgendeinen Grund, warum beispielsweise die MI-Tablette aus dem MI-Fach genommen werden muss? Eigentlich nicht. Natürlich muss der Algorithmus einfach bleiben, sonst ist vielleicht sogar das *Lang*zeitgedächtnis des Professors überlastet. Aber solange es eine vernünftige Regel dafür gibt, aus welchem Fach die Tablette zu nehmen ist (und ebenso dafür, ob die tägliche Tablette bereits genommen wurde), sollte die Flexibilität des Professors ausreichen.

Wie sich herausstellt, gibt es einen Algorithmus, der alle Kriterien des Professors erfüllt und nur eine winzige Ausnahme von der Regel zulässt, lediglich Tabletten aus dem mit dem jeweiligen Tag markierten Fach zu nehmen. Der Professor überlegt folgendermaßen:

1. Die Verteilung der Tabletten in der Schachtel muss ziemlich nahe am Gleichstand gehalten werden, denn wenn die Zeit für den Kauf einer neuen Flasche näherrückt, sind nicht mehr viele Tabletten übrig, mit denen er spielen kann.

2. Der *komplette* Gleichstand muss vermieden werden, sonst taucht wieder das Problem auf, ein „Gleichstandfach" zu bestimmen.

3. Wegen (2) kann es nicht richtig sein, Tabletten immer aus dem Fach mit den meisten Pillen zu entnehmen.

Beim Überdenken dieser Punkte kommt der Professor auf die Idee, immer drei Größen von Fächern aufrechtzuerhalten und (wenn möglich) die Tablette aus einem Fach mit der mittleren Anzahl zu nehmen. Zur Vereinfachung gibt es nur einen „Schatz" – ein Fach, das die größte Zahl an Tabletten enthält. Es sei k die Anzahl der Tabletten im Schatzfach an jedem gegebenen Tag. Alle anderen Fächer enthalten $k-1$ oder $k-2$ Tabletten, und diejenigen, die $k-2$ enthalten, sind benachbarte Fächer, die sich rechts vom Schatz befinden. Die Abbildung auf der nächsten Seite zeigt verschiedene zulässige Konfigurationen.

Das erste Fach rechts vom Schatz mit $k-1$ Tabletten wird als Spender festgelegt; wenn es kein Fach mit $k-1$ Tabletten gibt, dann ist der Schatz als Spender an der Reihe. In (fast) allen Fällen ist das Spenderfach korrekt mit dem aktuellen Wochentag beschriftet.

So sind beispielsweise die Tablettenschachteln in der Abbildung für den Dienstag beziehungsweise Samstag, Montag oder Donnerstag präpariert.

Die Ausnahme tritt bei der letzten Tablette ein. Am Tag zuvor hat der Professor zwei Tabletten in dem Fach vorgefunden, das mit dem betreffenden Wochentag beschriftet war. Er nahm eine Tablette (nach der Regel: Wenn es kein Fach gibt,

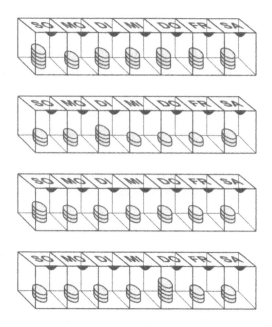

das eine Tablette weniger als der Schatz aufweist, dann wird eine Tablette aus dem Schatz genommen). Die letzte Tablette ist nun in dem Fach, das für gestern vorgesehen war, und diese Tablette nimmt er heute.

Man kann leicht sehen, dass die Konfiguration bis zur letzten Tablette zulässig bleibt, wenn die Tabletten richtig verteilt sind. Aber ist es immer beim Eintreffen der neuen Pillen möglich, dieses Schema korrekt zu etablieren? Es gibt bei jeder Anzahl Tabletten und jedem Wochentag nur eine einzige richtige Konfiguration, und diese Konfiguration konstruiert der Professor, wenn die Tabletten eintreffen. Er berechnet einfach den Wochentag, an dem die letzte Tablette verbraucht sein wird (das heißt der gestrige Wochentag plus die Zahl der Tabletten, modulo 7 – wobei er davon ausgeht, dass die heutige Tablette noch nicht genommen wurde). Natürlich sind die Wochentage aufeinanderfolgend modulo 7 nummeriert, aber es spielt keine Rolle, welcher Tag „1" ist.

Wenn beispielsweise 32 Tabletten an einem Mittwochmorgen eintreffen, dann weiß der Professor, dass die letzte Tablette an einem Samstag genommen wird (aus dem FR-Fach!). Daraus folgt, dass der Schatz im FR-Fach liegen muss. Der Professor legt sechs Tabletten in FR, jeweils vier in SA, SO, MO und DI und fünf in MI und DO. Jetzt ist er gerüstet, um seine MI-Tablette zu nehmen.   □

Man könnte vernünftigerweise fragen: „Was wäre, wenn es weniger als sieben Fächer gäbe? Was ist die kleinste Zahl von Fächern, für die es eine Lösung des Problems gibt? Was wäre, wenn es d Wochentage statt sieben gäbe; was wäre dann die kleinstmögliche Fächerzahl als Funktion von d?"

Die Lösung des Professors funktioniert auch auf dem Jupiter, auf dem es d Wochentage gibt ($d > 1$) und die Pillenschachteln natürlich auch d Fächer haben. Im Fall $d = 2$ reduziert sich das Problem darauf, dass ein Fach ein oder zwei Tabletten mehr als das andere hat.

Die Lösung mit zwei Fächern kann aber auch jederzeit eingesetzt werden, wenn d gerade ist, da der Tablettenkonsument, der weiß, um welchen Wochentag es sich bei der geradzahligen Woche handelt, auch die Parität seines Tages kennt. Also sind zwei Fächer hinreichend, und sie sind natürlich notwendig, wenn d gerade ist.

Wenn d aber ungerade ist, dann reichen zwei Fächer nicht aus. Es muss zwei aufeinanderfolgende Wochentage geben, die für dieselbe Konfiguration mit einer Tablette vorgesehen sind. Wenn der Patient diese Konfiguration am ersten der beiden Tage sieht, kann er nicht wissen, ob er die Tablette an diesem Tag bereits genommen hat oder nicht.

Wenn Sie mir bis hierhin gefolgt sind, wird es Ihnen nicht schwerfallen, sich zu überzeugen, dass drei Fächer genügen, wenn d ungerade ist. Es ist ein wenig knifflig, einen einfachen Algorithmus für drei Fächer bei einer Siebentagewoche zu entwickeln. Das folgende Schema verwendet mnemonisch die binäre Notation.

Einigen wir uns darauf, die Wochentage mit Sonntag = 1 bis Samstag = 7 durchzunummerieren, wobei die Zahlen modulo 7 genommen werden. Das Schema umfasst sieben Konfigurations„typen", die 1 bis 7 genannt werden, wobei die Form jeden Typs der binären Repräsentation seines Namens entspricht. Die Fächer selbst werden linear („links", „Mitte" und „rechts") und nicht zyklisch betrachtet.

Daher erfordert zum Beispiel der Typ $1 = 001_2$, dass das rechte Fach als Schatz fungiert und deutlich mehr Tabletten enthält als jedes der anderen beiden Fächer. Typ $3 = 011_2$ erfordert, dass das linke Fach entschieden *weniger* Tabletten enthält als die beiden anderen Fächer; und Typ $7 = 111_2$ erfordert, dass die Belegung der Fächer nahe am Gleichstand liegt.

Noch exakter: Die Typen 1, 2 und 4 haben einen Schatz (jeweils rechts, in der Mitte oder links), der zwei oder drei Tabletten mehr als die beiden anderen Fächer aufweist; ist bei diesen beiden anderen Fächern die Tablettenanzahl unterschiedlich, werden sie so angeordnet, dass sich das Fach mit der größeren Zahl rechts befindet.

Die Typen 3, 5 und 6 haben ein einzelnes kleinstes Fach jeweils links, in der Mitte oder rechts. Die anderen beiden Fächer sind um 2 größer, falls sie gleich groß sind. Ist dies nicht der Fall, dann unterscheiden sie sich um höchstens eine Tablette, wobei das größere Fach rechts liegt; sie haben zwei oder drei Tabletten mehr als das kleine Fach.

Typ 7 verlangt, dass die Belegung aller Fächer um eine Tablette differiert, wobei die kleineren Fächer rechts sind (siehe die Tabelle auf der folgenden Seite.)

	3 Tabletten	4 Tabletten	5 Tabletten	6 Tabletten
Typ 1	003	013	113	114
Typ 2	030	031	131	141
Typ 3	012	022	023	123
Typ 4	300	301	311	411
Typ 5	102	202	203	213
Typ 6	120	220	230	231
Typ 7	111	211	221	222

Die Strategie ist nun wie folgt: Wenn P Tabletten am Tag D ankommen, werden sie in Übereinstimmung mit Typ $D + P$ mod 7 verteilt. Der Patient nimmt dann die Tabletten so, dass der Typ beibehalten wird.

Insbesondere hält der Patient täglich den Typ T ein und verfährt wie folgt: Wenn er $P > 3$ Tabletten am Tag D sieht und wenn $D + P \neq T$ mod 7, hat er bereits die Tablette für diesen Tag genommen. Ansonsten nimmt er eine Tablette aus dem einzigen Fach, das zu einer Konfiguration desselben Typs führt.

Wenn die Tablettenzahl auf drei oder noch weniger gesunken ist, wird es schwierig, den Typ beizubehalten, aber der Patient kann die Links-rechts-Regeln für die Typen anwenden, um zu entscheiden, wie die Konfigurationen weiter reduziert werden. Dies läuft auf folgende Tabelle hinaus:

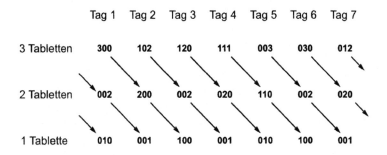

Die Tabelle wird so verwendet: Der Patient schaut nach dem Eintrag, der seinem D und P entspricht; falls dieser der Realität entspricht, sollte er diejenige Tablette nehmen, die zur Konfiguration rechts darunter führt (indem er der Diagonalen folgt). Ansonsten entspricht die Konfiguration $D + 1$, und er hat seine Tablette für diesen Tag bereits genommen.

10 Harte Nüsse

*Stelle eine schwierige Frage, und es erscheint eine
wunderbare Antwort.*

Molana Jalal-e-Din Mohammad Molavi Rumi,
„Joy at Sudden Disappointment"

Die Rätsel in diesem Kapitel sind schwer, aber der Mühe wert.
Einige Rätsel stellen Variationen oder Erweiterungen von bereits behandelten dar.

Das Beispielrätsel wurde als offenes Problem von Emil
Kiss und K. A. Kearnes gestellt in „Finite Algebras of Finite
Complexity" in *Discrete Math.*, Bd. 207 (1999), S. 89–135. Petar Markovic brachte das Rätsel auf eine Konferenz am Massachusetts Institute of Technology mit, die dem Geburtstag von
Daniel J. Kleitman im August 1999 gewidmet war.

Noga Alon, Tom Bowman, Ron Holzman und Danny selbst
fanden auf der Konferenz eine elegante Lösung für das Problem. Sie sind natürlich herzlich dazu eingeladen, selbst eine
Lösung zu finden; Sie sollten jedoch nicht enttäuscht sein,
wenn Sie es nicht schaffen.

Boxen und Unterboxen

Legen Sie eine positive Zahl n fest. Eine Box ist ein kartesisches Produkt aus n endlichen Mengen; bestehen die Mengen aus $A_1, \ldots, A_n$, dann setzt sich die Box aus allen Folgen $(a_1, \ldots, a_n)$ zusammen, so dass $a_i \in A_i$ für jedes i.

Eine Box $B = B_1 \times \cdots \times B_n$ ist eine echte Unterbox von $A = A_1 \times \cdots \times A_n$, wenn B_i eine echte nichtleere Teilmenge von A_i für jedes i ist.

Kann eine Box jemals in weniger als 2^n echte Unterboxen zerlegt werden?

Lösung: Die Zerlegung in 2^n echte Unterboxen ist leicht, solange jedes A_i aus mindestens zwei Elementen besteht. Auf der Konferenz konnte aber niemand mit einem Beispiel aufwarten, bei der die Zerlegung in weniger als 2^n Unterboxen vorgenommen werden konnte; dies ist auch tatsächlich nicht möglich.

Nehmen Sie zuerst nur einen Faktor, A_i, und legen Sie eine echte nichtleere Teilmenge $B_i \subset A_i$ fest. Angenommen, wir wählen wie unten beschrieben eine *zufällige* ungerade Teilmenge $C_i \subset A_i$ (die ganz aus A_i bestehen kann, falls $|A_i|$ ungerade ist). Wir behaupten, die Wahrscheinlichkeit, dass $|B_i \cap C_i|$ ungerade ist, beträgt genau $\frac{1}{2}$.

Wählen Sie C_i, indem Sie ein Element von A_i nach dem anderen durchlaufen und bei einem Element von B_i und einem Element von $A_i \setminus B_i$ enden. Wir können durch Münzwurf entscheiden, ob jedes Element zu C_i gehört oder nicht, es sei denn, die letzte Entscheidung wird durch die Paritätsbedingung an $|C_i|$ erzwungen. Dann wird stets der vorletzte Münzwurf über die Parität von $|B_i \cap C_i|$ entscheiden.

Natürlich hat eine Unterbox $C = C_1 \times \cdots \times C_n$ von A eine ungerade Größe dann und nur dann, wenn jedes $|C_i|$ ungerade ist. Falls $B = B_1 \times \cdots \times B_n$ eine nichtleere Unterbox von

$A = A_1 \times \cdots \times A_n$ ist und C eine zufällige ungerade Unterbox von A, dann ist die Wahrscheinlichkeit, dass $B \cap C$ eine ungerade Anzahl an Elementen aufweist, exakt $1/2^n$.

Jetzt nehmen wir an, wir hätten tatsächlich eine Zerlegung von A in weniger als 2^n Unterboxen, etwa $B(1), \ldots, B(m)$. Wählen Sie eine zufällige ungerade Unterbox C von A wie zuvor, und Sie stellen fest, dass mit einer positiven Wahrscheinlichkeit (mindestens $1 - m/2^n$) C jede der Unterboxen $B(j)$ in einer geraden Anzahl an Elementen schneidet.

Aber das ist nicht möglich, da C selbst eine ungerade Anzahl an Elementen besitzt. □

Für die Tapferen unter Ihnen, die bis hierher durchgehalten haben, folgen nun einige weitere harte Nüsse. Wir beginnen mit einem Rätsel, das es bis in die *New York Times* schaffte: „Why Mathematicians Now Care about their Hat Color" von Sara Robinson (10. April 2001).

Hutfarben erraten

Das Hutteam ist zurück.

Dieses Mal wird die Hutfarbe jedes Spielers durch einen fairen Münzwurf bestimmt. Die Spieler werden im Kreis angeordnet, so dass jeder Spieler die Hüte aller anderen Spieler sehen kann; es ist keine Kommunikation erlaubt. Jeder Spieler wird dann beiseite genommen, und es wird ihm die Möglichkeit gegeben zu raten, ob sein eigener Hut rot oder blau ist, er darf allerdings auch passen.

Die Folge ist dramatisch: Wenn nicht zumindest ein Spieler rät und wenn nicht jeder Spieler, der rät, die korrekte Antwort gibt, werden alle Spieler hingerichtet. Das hört sich so an, als bestünde der beste Plan darin, dass nur ein Spieler rät und die restlichen passen; das gäbe ihnen zumindest eine Überlebenschance von 50%. Aber unglaublicherweise kann das Team ein viel besseres Ergebnis erzielen – mit zum Beispiel 16 Spielern kann es seine Chancen auf 90% erhöhen. Wie?

Wenn Sie glauben, dass es unmöglich ist, mehr als 50% zu erreichen, dann haben Sie die Aussage des Rätsels verstanden. Aber versuchen Sie es doch einmal mit drei Spielern, bevor Sie aufgeben.

Die Lösung des nächsten Rätsels hat (wie Sie sehen werden) eine überraschende Verbindung zu der des ersten. Bei den folgenden Rätseln werden Sie ganz sich selbst überlassen.

15 Bits und ein Spion

Die einzige Chance einer Spionin, mit ihrer Kontrollstation zu kommunizieren, besteht in der Manipulation einer Nachricht von 15 Nullen und Einsen, die täglich von einer Radiostation übertragen wird. Sie weiß nicht, wie die Bits ausgewählt werden; sie hat aber jeden Tag die Möglichkeit, irgendein Bit zu *ändern*, indem sie es von 0 auf 1 oder umgekehrt setzt.

Wie viel Information kann sie täglich kommunizieren?

Winkel im Raum

Beweisen Sie, dass es in jeder Menge, die aus mehr als 2^n Punkten in $\mathbb{R}^n$ besteht, drei Punkte gibt, die einen stumpfen Winkel bilden.

Zwei Mönche auf einem Berg

Erinnern Sie sich an den Mönch aus Kapitel 5, der am Montag den Fujiyama hinauf- und am Dienstag wieder hinabstieg?

Dieses Mal klettern er und ein befreundeter Mönch am selben Tag auf den Berg; sie starten zur gleichen Zeit und auf gleicher Höhe, ihre Pfade sind jedoch verschieden. Auf dem Weg zum Gipfel führen die Pfade nach oben und nach unten (aber niemals auf einen Punkt unterhalb ihrer Ausgangshöhe). Sie sollen beweisen, dass die Mönche ihre Geschwindigkeit so verändern können (manchmal auch dadurch, dass sie rückwärts gehen), dass sie sich zu *jedem* Augenblick des Tages auf der gleichen Höhe befinden!

Summen kontrollieren

Es sei eine Liste mit n reellen Zahlen $x_1, \ldots, x_n$ aus dem Einheitsintervall gegeben. Beweisen Sie, dass Sie Zahlen $y_1, \ldots, y_n$ finden können, so dass für jedes k gilt: $|y_k| = x_k$ und

$$\left| \sum_{i=1}^{k} y_i - \sum_{i=k+1}^{n} y_i \right| \leq 2.$$

Zwei Glühlampen in der Zelle

Erinnern Sie sich an die Gefangenen und die Zelle mit einem Lichtschalter? Erneut wird jeder der n Gefangenen unendlich oft allein in ein Zimmer geschickt, aber in einer willkürlichen Reihenfolge, die der Gefängniswärter festlegt. Dieses Mal gibt es jedoch zwei Lampen in der Zelle, jede mit einem eigenen binären Schalter versehen. Es gibt keine andere Möglichkeit der Verständigung außer mit den Schaltern, deren Anfangszustand unbekannt ist. Die Gefangenen erhalten wieder die Gelegenheit, sich im Voraus zu beraten.

Wir wollen auch dieses Mal sicherstellen, dass am Ende einer der Gefangenen zu dem Ergebnis kommen kann, jeder sei in der Zelle gewesen. Sie haben das Problem mit nur *einem*

Schalter bereits gelöst? Gut, aber dieses Mal muss sich jeder Gefangene an dieselben Regeln halten.

Fläche versus Durchmesser

Beweisen Sie, dass in der Ebene unter allen geschlossenen Flächen vom Durchmesser 1 die Kreisscheibe die größte Fläche hat.

Die gerade Teilung

Beweisen Sie, dass Sie aus jeder Menge von $2n$ ganzen Zahlen eine Teilmenge der Größe n auswählen können, deren Summe durch n teilbar ist.

Servietten in zufälliger Anordnung

Sie erinnern sich an das Bankett anlässlichlich einer Konferenz, bei der einer Gruppe Mathematikern ihre Plätze an einem runden Tisch zugewiesen wurden? Erneut befindet sich auf dem Tisch zwischen jedem Gedeck eine Kaffeetasse mit einer Stoffserviette darin. Sobald sich eine Person setzt, nimmt sie die Serviette zu ihrer Linken oder Rechten; sind beide Servietten vorhanden, wählt sie eine nach dem Zufallsprinzip.

Dieses Mal gibt es keinen Oberkellner; die Sitze werden zufällig eingenommen. Die Anzahl der Mathematiker ist groß: Welcher Bruchteil von ihnen wird (asymptotisch) ohne Serviette bleiben?

Soldatengruppen im Feld

Vielleicht erinnern Sie sich auch an die Soldaten im Feld,
von denen jeder den nächststehenden Kameraden beobachtet. Wir nehmen an, eine große Menge Soldaten verteilt sich
in zufälligen Positionen auf einem großen Quadrat, und sie
organisieren sich in die maximal mögliche Anzahl von Gruppen, wobei die Bedingung gilt, dass die Beobachtung innerhalb der Gruppen durchgeführt wird.
Was ist die durchschnittliche Gruppengröße?

Ypsilons in der Ebene

Sie wissen bereits, dass Sie nicht überabzählbar viele disjunkte topologische Achten in der Ebene unterbringen können.
Aber Sie können sicherlich überabzählbar viele Geradenabschnitte oder Kreise einpassen. Der nächste logische Fall sind
die Ys: Mengen, die topologisch äquivalent zu drei Strecken-
abschnitten mit einem gemeinsamen Ende sind.

Können Sie beweisen, dass nur abzählbar viele disjunkte Ys
in der Ebene gezeichnet werden können?

Mehr magnetische Euromünzen

Bei der letzten „harten Nuss" kehren wir zu den magnetischen Euromünzen zurück, aber wir steigern die Attraktivität
des Rätsels noch ein wenig.
   Dieses Mal wird eine unendliche Folge von Münzen in
die beiden Urnen geworfen. Wenn eine Urne x Münzen enthält und die andere y, dann wird die nächste Münze mit der
Wahrscheinlichkeit $x^{1,01}/(x^{1,01}+y^{1,01})$ in die erste Urne fallen,
ansonsten in die zweite.

Beweisen Sie, dass nach einem gewissen Zeitpunkt eine der Urnen niemals eine weitere Münze erhalten wird.

Lösungen und Kommentare

Hutfarben erraten

Wie ich vorschlug, ist es sinnvoll, das Spiel zunächst mit drei Spielern auszuprobieren. Sie werden dann zumindest sehen, wie die 50% verbessert werden können. Die Verallgemeinerung ist jedoch nicht trivial.

Bei drei Spielern wird jeder Spieler angewiesen zu passen, wenn die beiden Hüte, die er sieht, verschiedenfarbig sind; andernfalls soll er sich bei seinem eigenen Hut für die Farbe entscheiden, die er *nicht* sieht. Solange beide Farben vertreten sind (wie in sechs von acht möglichen Konfigurationen), rät der Spieler mit der abweichenden Farbe richtig, und die anderen beiden passen. Deshalb gewinnen die Spieler mit der Wahrscheinlichkeit von 75%.

Beachten Sie, dass im schlechten Fall, in dem alle drei Hüte von der gleichen Farbe sind, *alle* Spieler raten und alle danebenliegen. Dies ist der entscheidende Punkt: Das Protokoll packt sechs falsche Schätzungen in nur zwei Konfigurationen. Über alle Konfigurationen hinweg muss die Hälfte der Schätzungen falsch sein, weshalb die einzige Gewinnmöglichkeit darin besteht, die korrekten Anworten effizient zu nutzen und die falschen Antworten zusammenzupacken. Da unser Protokoll mit drei Spielern dies so gut wie möglich erledigt, ist diese Methode optimal.

Für n Spieler würden wir dieses Kunststück gerne duplizieren und auch nur zwei Konfigurationen erhalten: „gute", bei denen nur ein Spieler (korrekt) rät, und „schlechte", bei denen jeder rät und alle falsch liegen. Damit wären die guten Konfigurationen den schlechten um einen Faktor n zahlenmäßig überlegen, so dass wir eine Gewinnchance von $n/(n + 1)$ hätten.

Wir haben aber keine Chance, dieses Optimum zu erreichen, es sei denn, $n + 1$ teilt die Gesamtzahl der Konfigurationen 2^n, was bedeutet, dass n selbst um 1 kleiner sein muss als irgendeine Potenz von 2. Wie durch ein Wunder ist diese Bedingung sowohl hinreichend als auch notwendig.

Der Schlüssel liegt darin, eine Menge an schlechten Konfigurationen mit der Eigenschaft zu finden, dass jede andere Konfiguration genau neben einer schlechten liegt („neben" bedeutet, dass man von der einen Konfiguration zur anderen gelangt, indem man eine Hutfarbe ändert). Hier ist ein Weg, solch eine Menge zu definieren.

Angenommen, $n = 2^k - 1$. Weisen Sie jedem Spieler eine andere k-stellige Binärzahl ungleich 0 zu (wenn Sie beispielsweise 15 Spieler haben, erhalten sie die Bezeichnungen 0001, 0010, 0011, ..., 1110, 1111). Diese Bezeichnungen werden wie „Nimbers"* behandelt, nicht wie Zahlen: Man addiert sie binär ohne Übertrag; so ist zum Beispiel 1011 + 1101 = 0110, und alles plus es selbst ist 0000.

Die schlechten Konfigurationen sind diejenigen, bei denen Sie 0000 erhalten, wenn Sie alle Bezeichnungen der rothütigen Spieler addieren. Die Strategie ist folgende: Jeder Spieler addiert die Nimbers aller Personen, die er sieht und deren Hüte rot sind. Beträgt die Summe 0000, dann gibt er die Schätzung ab, dass sein Hut ebenfalls rot ist. Entspricht die Summe seinem eigenen Nimber, nimmt er an, dass sein eigener Hut blau ist. Falls die Summe eine andere ist, passt er.

Warum in aller Welt sollte das funktionieren? Nehmen Sie an, die Summe der Nimbers *aller* Personen mit roten Hüten

---

* So benannt wegen ihrer Nützlichkeit im Spiel „Nim", s. S. 43 von *Winning Ways*.

beträgt 0000. Dann rechnet jeder mit einem blauen Hut 0000 als Summe der roten Hüte aus und gibt die Schätzung „rot" ab; jeder mit einem roten Hut ermittelt seinen eigenen Nimber als Summe und sagt „blau". Somit gibt jeder Spieler eine Schätzung ab, und jeder von ihnen liegt falsch – genau, was wir wollen!

Jetzt nehmen Sie an, dass die Summe der rothütigen Nimbers anders ist, zum Beispiel 0101. Dann ist der *einzige* Spieler, der rät, derjenige, dessen Nimber 0101 lautet, und seine Vorhersage wird *richtig* sein.

Die Wahrscheinlichkeit, dass die Summe der rothütigen Nimbers 0000 ist, beträgt genau 1/16 (wie zu erwarten war, da es 16 mögliche Summen gibt). Deshalb gewinnt man mit dieser Strategie mit der Wahrscheinlichkeit von 15/16, allgemein mit der Wahrscheinlichkeit $1 - 2^{-k}$. Es lohnt sich nachzuprüfen, dass Sie mit Nimbers der Länge 2 wieder die Lösung für drei Spieler erhalten.

Falls n zufällig keine Zahl ist, die um 1 kleiner ist als eine Potenz von 2, dann besteht die einfachste Methode für die Spieler darin, das größte $m < n$ zu berechen, das von der Form $2^k - 1$ ist. Jene m Spieler spielen wie oben, und die restlichen lehnen es ab zu raten, unabhängig davon, was sie sehen. Im schlimmsten Fall (falls $n = 2^k - 2$ für irgendeine natürliche Zahl k) führt dies zu einer Gewinnwahrscheinlichkeit von $(n/2)/(n/2 + 1)$. Diese Strategien sind nicht die allgemein bestmöglichen; für $n = 4$ können Sie 75% nicht schlagen, aber für $n = 5$ können Sie (wie mir Elwyn Berlekamp gezeigt hat) $25/32 > 78\%$ erreichen. Aber die beste Strategie für ein allgemeines n ist noch ein großes ungelöstes Problem.   □

Die Menge an schlechten Konfigurationen, wie wir sie oben konstruiert haben, ist nicht nur ein schönes mathematisches Objekt, sondern auch ein im wirklichen Leben nützliches. Sie wird Hamming-Kode genannt und ist ein Beispiel für einen perfekten *fehlerkorrigierenden Kode*. Stellen Sie sich vor, dass Sie binäre Information über einen unzuverlässigen Kanal schicken, der gelegentlich ein Bit verdreht. Gruppieren Sie die Bits, die Sie versenden möchten, in Folgen der Länge 11. Es gibt $2^{15}/16 = 2^{11}$ rot-blaue Folgen der Länge 15 mit der Eigenschaft, dass die Summe der rothütigen Nimbers 0000 beträgt. Diese speziellen Folgen, die Sie binär schreiben können (101010101010101 bedeutet, dass jeder ungerade Hut rot ist), werden „Kodewörter" genannt; da die Anzahl der Kodewörter 2^{11} beträgt, können Sie eines mit jeder 11-Bit-Binärfolge assoziieren. Eine einfache Methode ist, die letzten vier Bits abzuschneiden.

Anstatt nun Ihre 11-Bit-Gruppen zu versenden, schicken Sie das einzigartige 15-Bit-Kodewort ab. Sie zahlen zwar einen Preis bezüglich der Wirtschaftlichkeit, aber Sie gewinnen Zuverlässigkeit. Dies ist so, weil die Person, die Ihre Nachricht erhält, bei der gelegentlich eines der 15 Bits vertauscht ist, weiß, welches Bit das ist und somit den Fehler rückgängig machen kann!

Wie geht das? Wenn der Empfänger die 15 Bits erhält, kann er die roten Nimbers (diejenigen, die den Einsen in der Folge entsprechen) aufsummieren, um sicherzugehen, dass die Summe 0000 lautet. Angenommen, dies ist nicht der Fall und die Summe ist 0101. Dann muss ein Bit vertauscht sein; ist es nur ein Bit, dann muss es das fünfte sein. Deshalb tauscht der Empfänger das fünfte Bit aus und prüft in seinem Kodebuch, welche 11-Bit-Folge dem 15-Bit-Kodewort entspricht, das Sie senden wollten. Er findet, falls nicht mehrere Bits vertauscht wurden, die richtige Lösung.

Das Huträtsel und seine Lösung wurden (in einer etwas anderen Form) von Todd Ebert (Universität von Kalifornien in Irvine) in seiner Doktorarbeit ausgearbeitet, die er an der Universität in Santa Barbara 1998 verfertigte. Auf das Rätsel wurde ich durch Peter Gacs von der Universität Boston aufmerksam. Interessanterweise wurde der Hamming-Kode einige Jahre zuvor von Steven Rudich von der Carnegie-Mellon-Universität für ein verwandtes Wahlproblem vorgestellt.

15 Bits und ein Spion

Da es 16 Dinge gibt, die die Spionin machen kann (irgendein Bit oder keines ändern), kann sie *im Prinzip* täglich vier Bit Information an ihre Kontrollstation senden. Aber wie macht sie das?

Die Antwort ist leicht, sofern die Nimbers aus der vorangegangenen Lösung zu Ihrem Arsenal gehören. Die Spionin und ihre Kontrollstation weisen den vierstelligen Nimber, welcher der Zahl k entspricht, dem $k$ten Bit der Sendung zu. Ihre „Botschaft" wird durch die Summe der Nimbers, die in der Sendung aus Einsen bestehen, definiert.

Wir behaupten, dass die Spionin nach Belieben jede der 16 möglichen Botschaften senden kann, womit sie vier Bits Kommunikation erreicht. Angenommen, sie will den Nimber n schicken, wohingegen die Summe der Nimbers, die den Einsen in der intendierten Radiosendung entspricht, $m \neq n$ beträgt. Dann dreht sie das $n + m$te Bit herum. Es macht keinen Unterschied, ob das Bit eine 0 oder eine 1 war, denn die Addition und Subtraktion von Nimbers sind das Gleiche.   □

Dieses Rätsel kommt von Laci Lovász von Microsoft Research. Er weiß nicht, von wem es stammt.

Winkel im Raum

Bei einem Besuch am Massachusetts Institute of Technology wurde ich mit diesem Rätsel getestet, und ich war überfragt. Es erscheint sinnvoll, dass die 2^n Ecken eines Hyperwürfels die größte Anzahl an Punkten darstellen, die man in einem n-Raum ohne stumpfen Winkel haben kann. Aber wie soll man das beweisen? Offensichtlich war dies eine Zeit lang ein offenes Problem für Paul Erdős und Victor Klee, das dann von George Danzig und Branko Grünbaum gelöst wurde.

Es seien $x_1, \ldots, x_k$ verschiedene Punkte (Vektoren) in $\mathbb{R}^n$ und P ihre konvexe Hülle. Wir können annehmen, dass P das Volumen 1 hat, indem wir nämlich die Abmessung des Raumes auf die von P reduzieren und dann korrekt skalieren; wir können auch annehmen, dass x_1 der Ursprung ist (das heißt der Null-Vektor). Falls es keine stumpfen Winkel unter den Punkten gibt, behaupten wir, dass für jedes $i > 1$ das Innere der translierten Menge $P + x_i$ und das Innere der Menge P disjunkt sind; dies ist so, weil die Ebene durch x_i, die senkrecht auf dem Vektor x_i steht, die beiden Polytope trennt.

Des Weiteren ist das Innere von $P + x_i$ und $P + x_j$ für $i \neq j$ ebenfalls disjunkt, dieses Mal über die trennende Ebene, die durch $x_i + x_j$ verläuft und senkrecht auf dem Rand $x_j - x_i$ von P steht. Wir schlussfolgern, dass das Volumen der Vereinigung von $P + x_i$ für $1 \leq i \leq k$, k ist.

Jedoch liegen alle diese Polytope innerhalb des verdoppelten Polytops $2P = P + P$, dessen Volumen 2^n beträgt. Deshalb gilt $k \leq 2^n$, wie behauptet! $\square$

Zwei Mönche auf einem Berg

Wir nehmen an, jeder Pfad ist angenehm genug, so dass man ihn in eine endliche Anzahl an monotonen „Abschnitten" einteilen kann, auf denen der Pfad entweder stets ansteigt oder stets fällt. (Ebene Abschnitte sind kein Problem, da der eine Mönch dort eine Pause einlegen kann, während der andere weiterläuft.) Zudem können wir annehmen, dass ein solcher Abschnitt bloß ein geradliniger Anstieg oder Abstieg ist; wir können nämlich die Mönche ihre Geschwindigkeiten so aufeinander abstimmen lassen, dass auf jedem Abschnitt die

Geschwindigkeiten des Aufstiegs oder Abstiegs konstant bleiben.

Bezeichnen Sie die x-Achse in der Ebene mit den Positionen des ersten Mönchs entlang seines Pfads und die y-Achse mit den Positionen des zweiten Mönchs auf seinem Pfad. Zeichnen Sie alle Punkte ein, an denen die beiden Positionen zufällig auf der gleichen Höhe sind; dazu gehören der Ursprung (an dem beide Pfade beginnen) und der Gipfel (wo sie enden, zum Beispiel bei $(1,1)$). Unser Ziel besteht darin, einen Pfad entlang der eingezeichneten Punkte zwischen $(0,0)$ und $(1,1)$ zu finden; die Mönche können dann diesem Pfad folgen, und zwar so langsam, dass nirgendwo von einem Mönch verlangt wird, schneller zu gehen, als er kann.

Je zwei monotone Segmente – eines von jedem Pfad –, die eine gemeinsame Höhe haben, zeigen sich auf dem Diagramm als ein (abgeschlossener) Streckenabschnitt, möglicherweise von der Länge null. Wenn wir als Knotenpunkt jeden Punkt des Diagramms ansehen, der sich auf den Endpunkt einer Strecke zurückabbilden lässt (für einen oder beide Mönche), dann wird aus dem Diagramm ein Graph (im kombinatorischen Sinn); und eine einfache Überprüfung der Fälle zeigt, dass mit Ausnahme von $(0,0)$ und $(1,1)$ alle Knotenpunkte inzident zu entweder null, zwei oder vier Kanten sind.

Sobald wir einmal mit der Wanderung auf dem Graphen bei $(0,0)$ begonnen haben, gibt es keinen Ort außer bei $(1,1)$, an dem man steckenbleibt oder gezwungen wird, den Weg zurückzugehen. Deshalb können wir $(1,1)$ erreichen, und jede der Routen stellt eine erfolgreiche Strategie für die Mönche dar.   □

Die Abbildung zeigt vier mögliche Landschaften; der Pfad des einen Mönchs erscheint als durchgängige Linie, der des anderen gestrichelt. Unterhalb jeder Landschaft befindet sich

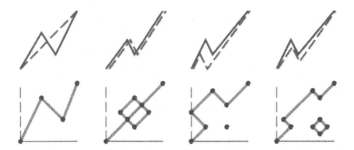

der entsprechende Graph. Beachten Sie, dass es im letzten Fall losgelöste Teile im Graphen geben kann, zu welchen die Mönche keinen Zugang haben (ohne die allgemeine Regel der Höhe zu verletzen).

Auf dieses Rätsel wurde ich durch Yuliy Baryshnikov von den Bell-Laboratorien aufmerksam gemacht.

Summen kontrollieren

Dieses Rätsel erwuchs aus dem „wirklichen Leben" oder zumindest aus einem ernsthaften mathematischen Problem bezüglich optischer Netzwerke (siehe A. Schrijver, P. D. Seymour und P. Winkler, „The Ring Loading Problem" in *SIAM Review*, Bd. 41, #4 (Dezember 1999), S. 777–791). Die Autoren glaubten die Vermutung, waren aber überrascht, dass sie sie nicht beweisen konnten. Das Rätsel wurde publiziert, aber es fand sich immer noch kein Beweis oder Gegenbeispiel; schließlich entdeckte der Autor dieses Buches den folgenden Beweis, der letztendlich recht einfach war!

Das Problem besteht darin, eine Folge von reellen Zahlen in [0,1] mit Vorzeichen zu versehen, um so die Summe zu kontrollieren, auch wenn eine beliebige Teilfolge der reellen

Zahlen am Ende die Vorzeichen umkehrt. Die natürliche erste Beobachtung ist die, dass man alle anfänglichen Summen
durch einen „gierigen" Vorzeichenalgorithmus kontrollieren
kann, indem man $y_k = x_k$ setzt, wenn $\sum_{i=1}^{k-1} y_i \leq 0$, und ansonsten $y_k = -x_k$.

Dies stellt sicher, dass $|\sum_{i=1}^{k} y_i| \leq 1$ für alle k, und durch
Umschreiben erhält man

$$\left| \sum_{i=1}^{k} y_i - \sum_{i=k+1}^{n} y_i \right| = \left| 2 \sum_{i=1}^{k} y_i - \sum_{i=1}^{n} y_i \right|$$

$$\leq 2 \left| \sum_{i=1}^{k} y_i \right| + \left| \sum_{i=1}^{n} y_i \right| \leq 3.$$

Das ist nahe an der Lösung, aber unglücklicherweise kann
ein Vorzeichenalgorithmus, der vom Ansatz her nicht vor-
wärts gerichtet ist, aus der 3 keine 2 machen. Stellen Sie sich
vor, dass die Folge lautet: 1, 0,99, 1, 0,99, 1, 0,99 usw. für
einhundert Ausdrücke und dass sie plötzlich mit einer Zahl
z endet. Die Vorzeichen sollten, außer an einem Punkt, alternieren, und um zu wissen, um welchen Punkt es sich handelt,
müssen Sie z kennen.

Wie auch immer: Beachten Sie, dass die obige Beschreibung des gierigen Vorzeichenalgorithmus einen Wert für die
„leere Summe" benötigt, um das erste Zeichen festzulegen.
Normalerweise würden wir sagen, dass diese Summe 0 beträgt, aber nehmen Sie stattdessen an, dass wir ihm irgendeinen reellen Wert w zuweisen. Für ein fixiertes $w \in [-1, 1]$
definiert der Algorithmus y_k induktiv durch $y_k = x_k$, wenn
$w + \sum_{i=1}^{k-1} y_i \leq 0$, und ansonsten $y_k = -x_k$. Dann ist $w +$
$\sum_{i=1}^{k} y_i \in [-1, 1]$ für alle k; wir definieren $f(w) := w + \sum_{i=1}^{m} y_i$.

Angenommen, der Fall $f(w) = -w$ tritt ein. Dann gilt

$$\sum_{i=1}^{k} y_i - \sum_{i=k+1}^{m} y_i$$

$$= 2 \sum_{i=1}^{k} y_i - \sum_{i=1}^{m} y_i$$

$$= 2 \left(w + \sum_{i=1}^{k} y_i \right) - \left(w + \sum_{i=1}^{m} y_i \right) - w$$

$$= 2 \left(w + \sum_{i=1}^{k} y_i \right) \in [-2, 2]$$

wie erwünscht.

Da $f(-1) + (-1) \leq 0 \leq f(1) + 1$ ist, würde die Existenz eines w, für das $f(w) = -w$ gilt, aus dem Mittelwertsatz folgen, falls f stetig wäre. Natürlich ist dies nicht der Fall; sobald eine Teilsumme 0 wird, ändern einige y_i das Vorzeichen, und $f(w)$ kann springen. (Da wir uns dafür entschieden haben, $+$ zu wählen, wenn die Teilsumme 0 ist, wird f stetig von links sein.) Es stellt sich jedoch heraus, dass der *Betrag* von f stetig ist.

Sie stellen zunächst fest, dass die Ableitung $f'(w)$ 1 ist, wenn keine Teilsumme 0 ist. Nehmen Sie andererseits an, dass $w = w_0$ so gewählt wird, dass eine oder mehrere Teilsummen null sind; insbesondere lassen Sie $k \geq 0$ das kleinste k sein, so dass $w + \sum_{i=1}^{k} y_i = 0$. Dann wechseln für ausreichend kleine ε die Vorzeichen von y_j und $w + \sum_{i=1}^{j} y_i$, für $j > k$, wenn wir uns von $w = w_0$ nach $w = w_0 + \varepsilon$ bewegen. Deshalb erhalten wir, wenn wir $j = m$ setzen, $\lim_{w \to w_0^+} f(w) = -f(w_0)$.

Wenn also irgendeine Teilsumme 0 trifft, dann folgt, dass wir $\lim_{w \to w_0^+} f(w) = -f(w_0)$ erhalten; deshalb wird die Funktion g, die durch $g(w) = |f(w)|$ gegeben ist, überall stetig und auch differenzierbar sein, außer an endlich vielen Punkten. Der Graph von g verläuft im Zickzack mit der Ableitung 1, wo $g(w) = f(w)$ gilt, und der Ableitung -1, wo $g(w) = -f(w)$ gilt.

Wenn wir h durch $h(w) = -w$ definieren, dann ist der Graph von h natürlich eine Gerade mit der Steigung -1 von $(-1, 1)$ bis $(1, -1)$, die den Graph von g schneidet. Darüber hinaus muss sie ihn entweder in einem Punkt schneiden, an dem $g'(w) = 1$ gilt, oder mit einem Abschnitt des Graphen g mit der Steigung -1 zusammenfallen; in diesem liegt der am weitesten links gelegene Punkt des Segments auch auf dem Graphen von f. So oder so haben wir einen Punkt w, an dem $-w = g(w) = f(w)$ gilt.   □

Zwei Glühlampen in der Zelle

Dieses Rätsel ist Teil eines ernsthaften Problems auf dem Gebiet des verteilten Rechnens; die folgende Lösung, die auf Steven Rudich von der Carnegie-Mellon-Universität zurückgeht, ist als „Wippen-Protokoll" bekannt. Für mehr Hintergrundinformationen siehe M. J. Fischer, S. Moran, S. Rudich und G. Taubenfeld, „The Wakeup Problem", in *Proc. 22nd Symp. on the Theory of Computing*, Baltimore, Maryland, (Mai 1990).

Es ist nützlich, sich im Wippen-Protokoll den einen Schalter als „Kieselschalter" vorzustellen, der mit einem Kieselstein versehen oder aber leer ist, und den anderen Schalter als „Wippenschalter", der sich im Zustand links-unten oder rechts-unten befindet. Jeder Gefangene beginnt mit zwei virtuellen Kieselsteinen.

Wenn ein Gefangener zum ersten Mal in die Zelle geführt wird, „begibt er sich auf die Wippe" und zwar auf die Seite, die unten ist, und drückt sie nach oben. Er bleibt so lange auf dieser Seite der Wippe (das heißt, er erinnert sich, auf welcher Seite er sie bestieg), bis er keine Kiesel mehr hat; in diesem Fall drückt er seine Seite der Wippe nach unten (dies kann nur geschehen, wenn er sich auf der Seite befindet, die oben ist) und steigt ab, verlässt den Spielplatz und bleibt von da ab untätig.

Während er sich auf der Wippe befindet, gibt er immer dann einen Kieselstein ab, wenn er sich oben befindet und nimmt einen Kiesel, wenn er unten ist. Um einen Kiesel abzugeben, muss er den Kieselschalter unbesetzt vorfinden; er drückt ihn dann und vermindert die Anzahl seiner Kiesel um 1. Um sich einen Kiesel zu nehmen, muss er den Kieselschalter besetzt vorfinden; er drückt ihn dann und zählt zu seinen Kieseln 1 hinzu. Wenn sich der Kieselschalter nicht in einer angemessenen Position befindet, macht er nichts.

Wenn ein Gefangenener $2n$ Kiesel gesammelt hat, verkündet er, dass jeder den Raum besucht hat. Die Schlussfolgerung ist klar, denn es gibt $2n$ oder $2n + 1$ Kiesel zu Beginn (je nach der Anfangsposition des Kieselschalters), und die Kiesel werden durch das Protokoll nicht zerstört oder erzeugt, weshalb jeder beigetragen haben muss.

Aber warum müssen wir einen Zustand erreichen, in dem ein Spieler alle Kiesel gesammelt hat? Beachen Sie zunächst, dass zwischen den Besuchen in der Zelle zu *jeder* Zeit entweder a) die gleiche Anzahl an Gefangenen auf beiden Seiten der Wippe ist oder b) einer mehr auf der Seite oben ist. Wenn (a) zutrifft und jemand auf die Wippe steigt, dann drückt er sie nach oben und wir befinden uns bei (b); wenn jemand heruntersteigt, dann drückt er die Seite, die oben ist, nach unten und verlässt sie, womit er ebenfalls (b) erhält. Wenn (b) vorliegt und jemand auf die Wippe steigt, geht er auf die Seite, die unten ist, und gleicht somit (a) aus; wenn er absteigt, reduziert er die Zahl auf der Oben-Seite, wodurch er wiederum (a) herbeiführt.

Jetzt nehmen Sie an, dass alle Gefangenen in der Zelle waren und dass sich k von ihnen gegenwärtig auf der Wippe befinden (den anderen sind die Kiesel ausgegangen, und sie sind abgestiegen). Wir wissen aus der obigen Argumentaion, dass, solange $k > 1$ gilt, mindestens ein Spieler auf der Oben-Seite der Wippe ist und mindestens einer auf der Unten-Seite. Dann gehen die Kiesel von den Oben-Gefangenen zu den Unten-Gefangenen (bis jemand keine mehr hat), wodurch sich die Zahl auf der Wippe auf $k - 1$ reduziert. Wenn k ganz auf 1 abfällt, dann besitzt der verbleibende Spieler alle $2n$ oder $2n + 1$ Kiesel und das Protokoll endet hier, wenn es das nicht schon vorher getan hat.   □

Wie erfindet man ein Protokoll wie dieses? Keine Ahnung. Fragen Sie Rudich!

Fläche versus Durchmesser

Gerry Myerson von der Macquarie-Universität in Australien machte mich darauf aufmerksam, dass sich dieses Rätsel auf Seite 32 des Klassikers *Littlewood's Miscellany*, herausgegeben von B. Bollobás, befindet und vielleicht auf Littlewood selbst zurückgeht. Die Lösung nimmt Rückgriff auf die elementare Analysis.

Der Durchmesser einer topologisch abgeschlossenen, beschränkten Fläche ist der größte Abstand zwischen zwei Punkten dieser Fläche. Beachten Sie, dass keineswegs jedes Gebiet mit dem Durchmesser 1 in das Innere eines Einheitskreises passt, beispielsweise ein gleichseitiges Dreieck mit der Seitenlänge 1. Keiner kennt die Fläche des kleinsten Gebiets, in das jedes Gebiet mit dem Durchmesser 1 hineinpasst.

Wie zeigen wir also, dass der Kreis die größte Fläche aller Gebiete mit dem Durchmesser 1 hat, wenn wir die anderen nicht in ihn einpassen können? Es sei Ω ein abgeschlossenes Gebiet in der Ebene mit dem Durchmesser 1. Lassen Sie uns versuchen, die Fläche von Ω mittels Polarkoordinaten zu berechnen. Wir können annehmen, dass Ω konvex ist, da ihr konvexer Abschluss ihren Durchmesser 1 nicht erhöht.

Es seien P und Q Punkte auf Ω im Abstand 1, und wir platzieren Ω dergestalt in der Ebene, dass P im Ursprung liegt und Q bei $(1,0)$. $R(\theta)$ sei der Punkt auf Ω, der am weitesten von P in Richtung θ entfernt liegt (von der x-Achse aus gemessen), und $r(\theta)$ sei der Abstand von P zu $R(\theta)$. Dann ist der Flächeninhalt A von Ω

$$\int_{-\pi/2}^{\pi/2} \frac{r(\theta)^2}{2}\,\mathrm{d}\theta,$$

welcher, da $r(\theta) \leq 1$, beschränkt ist durch

$$\int_{-\pi/2}^{\pi/2} \frac{1}{2}\,\mathrm{d}\theta = \frac{\pi}{2}.$$

Dies entspricht dem doppelten Wert der angestrebten Grenze, aber wir sollten nicht allzu enttäuscht sein; denn alles, was wir tatsächlich bis hierhin getan haben, war sicherzustellen, dass Ω in der rechten Hälfte des Einheitskreises mit Zentrum im Ursprung enthalten ist. Wir könnten diesen Halbkreis noch weiter bis auf eine Linsenform verkleinern, aber wie sollen wir die Grenze auf $\pi/4$ verkleinern?

Der Trick besteht darin, das Integral in zwei aufzuteilen, entsprechend der Vorzeichen von θ, dann die Variablen zu vertauschen und wie folgt neu zusammenzusetzen:

$$\int_{-\pi/2}^{\pi/2} \frac{r(\theta)^2}{2}\,\mathrm{d}\theta = \int_{-\pi/2}^{0} \frac{r(\theta)^2}{2}\,\mathrm{d}\theta + \int_{0}^{\pi/2} \frac{r(\theta)^2}{2}\,\mathrm{d}\theta$$

$$= \int_{0}^{\pi/2} \frac{r(\theta-\pi/2)^2}{2}\,\mathrm{d}\theta + \int_{0}^{\pi/2} \frac{r(\theta)^2}{2}\,\mathrm{d}\theta$$

$$= \int_{0}^{\pi/2} \frac{r(\theta)^2 + r(\theta-\pi/2)^2}{2}\,\mathrm{d}\theta,$$

aber $r(\theta)^2 + r(\theta - \pi/2)^2$ ist nach dem Satz des Pythagoras das Quadrat des Abstands zwischen $R(\theta)$ und $R(\theta - \pi/2)$. Deshalb ist dieser Ausdruck durch das Quadrat des Durchmessers von Ω, nämlich 1, beschränkt. Daher gilt schließlich

$$A \leq \int_0^{\pi/2} \frac{1}{2} \, d\theta \leq \frac{\pi}{4},$$

und wir sind fertig.   □

Die gerade Teilung

Dieses Rätsel, bei dem n durch 100 ersetzt wurde, stammt vom 4. Gesamtsowjetischen Mathematikwettbewerb 1970 in Simferopol. Es ist so elegant, dass man es als Theorem bezeichnet, und in der Tat ist es eines (siehe P. Erdős, A. Ginzburg und A. Ziv, „Theorem in the Additive Number Theory", in *Bull. Research Council of Israel*, Bd. 10F (1961), S. 41–43). Der folgende Beweis verwendet nur elementare Techniken.

Nennen Sie eine Menge „flach", wenn sie sich auf 0 modulo n aufsummiert. Lassen Sie uns festhalten, dass die zu beweisende Behauptung die folgende, scheinbar schwächere Behauptung impliziert: Wenn S eine flache Menge von $2n$ Zahlen ist, dann kann S in zwei flache Mengen der Größe n geteilt werden. Dies wiederum impliziert jedoch, dass jede Menge von nur $2n - 1$ Zahlen eine flache Teilmenge der Größe n enthält, weil wir eine $2n$te Zahl addieren können, um die Ausgangsmenge flach zu machen; dann wenden wir die vorige Behauptung an und teilen sie in zwei flache Teilmengen der Größe n. Mit einer von ihnen (mit derjenigen ohne die neue Zahl) wird es klappen.

Alle drei Behauptungen sind also äquivalent. Angenommen, wir können die zweite für $n = a$ und für $n = b$ beweisen. Falls eine Menge S von der Größe $2n = 2ab$ sich zu 0 mod ab aufsummiert, ist sie insbesondere flach bezüglich a, und wir können Teilmengen $S_1, \ldots, S_{2b}$ der Größe a ablösen, die bezüglich a ebenfalls flach sind. Jede der Teilmengen S_i besitzt eine Summe, die wir in der Form ab_i schreiben können. Die Zahlen b_i bilden eine Menge der Größe $2b$, deren Summe $0 \bmod b$ ist, weshalb wir sie in zwei Mengen der Größe b teilen können, die flach bezüglich b sind. Die Vereinigungen der Mengen S_i in jedem Teil sind eine Zweiteilung der ursprünglichen Menge S in Mengen der Größe ab, die ab-flach sind, wie wir es wollten.

Daraus folgt: Falls wir die Behauptung für $n = p$ prim beweisen können, dann ist sie auch für alle n gültig. Es sei S eine Menge der Größe $2p$, mit der wir eine p-flache Teilmenge der Größe p erzeugen möchten.

Wie können wir eine solche Teilmenge hervorbringen? Eine Möglichkeit, die auf der Hand liegt, besteht darin, die Elemente von S in Paaren zu bündeln und ein Element aus jedem Paar auszuwählen. Wenn wir dies tun, dann müssen wir natürlich sicherstellen, dass die Elemente jedes Paares verschieden mod p sind, so dass unsere Wahl nicht umsonst ist. Können wir das erreichen?

Wir können! Ordnen Sie die Elemente S modulo p (etwa von 0 bis $p - 1$), und betrachten Sie die Paare (x_i, x_{i+p}) für $i = 1, 2, \ldots, p$. Falls x_i äquivalent zu $x_{i+p} \bmod p$ wäre für irgendein i, dann wären $x_i, x_{i+1}, \ldots, x_{i+p}$ alle äquivalent mod p, und wir könnten p von ihnen nehmen, um unsere gewünschte Teilmenge zu erstellen.

Jetzt, da wir unsere Paare haben, fahren wir mit „dynamischer Programmierung" fort. Es sei A_k die Menge aller Summen (mod p), die man durch Addition einer Zahl aus jeder der ersten k Paare erhält. Dann sei $|A_1| = 2$, und wir behaupten $|A_{k+1}| \geq |A_k|$ und darüber hinaus $|A_{k+1}| > |A_k|$, solange $|A_k| \neq p$. Dies trifft zu, weil $A_{k+1} = (A_k + x_{k+1}) \cup (A_k + x_{k+1+p})$; wenn deshalb $|A_{k+1}| = |A_k|$, dann sind diese zwei Mengen identisch, was $A_k = A_k + (x_{k+1+p} - x_{k+1})$ impliziert. Dies ist unmöglich, weil p prim und $x_{k+1+p} - x_{k+1} \not\equiv 0 \bmod p$ ist, es sei denn $|A_k| = 0$ oder p.

Da es p Paare gibt, müssen wir schließlich $|A_k| = p$ erhalten für ein $k \leq p$; folglich $|A_p| = p$ und insbesondere $0 \in A_p$. Das Theorem folgt.   □

Servietten in zufälliger Anordnung

Wir möchten die Wahrscheinlichkeit ausrechnen, dass sich der Gast auf dem Platz 0 (modulo n) seiner Serviette beraubt sieht. Der Grenzwert dieser Größe, wenn $n \to \infty$, ist der gesuchte Bruchteil der serviettenlosen Gäste.

Wir können annehmen, dass jeder sich im Voraus entscheidet, ob er die rechte oder linke Serviette nimmt, wenn beide vorhanden sind; später müssen natürlich einige ihre Meinung ändern oder eben leer ausgehen.

Angenommen, die Gäste $1, 2, \ldots, i - 1$ entscheiden sich für „rechts" (weg von 0) während i sich für „links" entscheidet; und die Gäste $-1, -2, \ldots, -j+1$ wählen „links" (wiederum weg von 0), während der Gast $-j$ „rechts" wählt.

Wenn $k = i + j + 1$, dann beträgt die Wahrscheinlichkeit dieser Konfiguration 2^{1-k}. Beachten Sie, dass i und j mindestens 1 sind, aber mit hoher Wahrscheinlichkeit weniger als $n/2$.

Bedenken Sie, dass Gast 0 nur dann schlecht wegkommt, wenn er der letzte unter den Gästen $-j, \ldots, i$ ist und *keiner* der Gäste $-j+1, \ldots, -2, -1; 1, 2, \ldots, i - 1$ die Servietten bekommt, die er wollte. Wenn $t(x)$ der Zeitpunkt ist, zu dem der Gast x zulangt, dann geschieht dies exakt dann, wenn $t(0)$ das eindeutig lokale Maximum von t in dem Bereich $[-j, -j+1, \ldots, 0, \ldots, i-1, i]$ darstellt.

Wenn t in dieses Bereich gezeichnet wird, dann sieht es wie ein Berg aus, und $(0, t(0))$ ist die Spitze; genauer $t(-j) < t(-j+1) < \cdots < t(-1) < t(0) > t(1) > t(2) > \cdots > t(i)$.

Anstatt die Wahrscheinlichkeit dieses Ereignisses für feste i und j zu berechnen, ist es zweckdienlich, all diejenigen Paare (i,j) zusammenzulegen, welche die Gleichung $i + j + 1 = k$ für feste k erfüllen. Insgesamt gibt es $k!$ Möglichkeiten, die Werte $t(-j), \ldots, t(i)$ anzuordnen. Wenn T die Menge aller k Zeiten des Hinlangens sind und t_{max} die letzte von ihnen ist, dann wird jedes Bergesortieren eindeutig durch die nichttriviale Teilmenge $T \setminus \{t_{max}\}$ festgelegt, welche die Werte $\{t(1), \ldots, t(i)\}$ bildet. Deshalb beträgt die Anzahl der Anordnungen, die einen gültigen Berg ausmachen, $2^{k-1} - 2$.

Schließlich besteht die Gesamtwahrscheinlichkeit, dass Gast 0 keine Serviette erhält,

$$\sum_{k=3}^{\infty} \frac{2^{1-k} \cdot 2^{k-1} - 2}{k!} = \left(2 - \sqrt{e}\right)^2 \approx 0{,}12339675. \qquad \square$$

Wenn man diesen Wert mit dem Bruch $9/64 = 0{,}140625$ vergleicht, der durch den boshaften Oberkellner erreicht wird, dann sehen wir, dass dieser nicht viel besser als der Zufall ist.

Viel mehr über diese Zufallsversion des Problems und die Verwendung generierender Funktionen ist in einem reizvollen Artikel von Anders Claesson und T. Kyle Petersen in *American Mathematical Monthly*, Bd. 114 (2007), S. 217–231 zu finden.

Leser, die lieber integrieren als Summen bilden, werden den folgenden sauberen Beweis bevorzugen (vereinfacht unter der Mithilfe von Aidan Sudbury von der Monash-Universität in Australien). Wir können annehmen, dass die „Zugreifzeit" $t(i)$ für jeden Gast eine unabhängige, gleichverteilte reelle Zahl auf dem Einheitsintervall $[0, 1]$ ist. Stellen Sie sich vor, dass die Gäste eine doppelt unendliche Gerade bilden statt eines Kreises, und es sei $p(t)$ die Wahrscheinlichkeit, dass ein Gast, der zu einem Zeitpunkt t zulangt, seine rechte Serviette nicht mehr vorfindet.

Dies tritt ein, falls sein Nachbar zur Rechten zuerst zugreift und entweder seine linke Serviette freiwillig wählt oder gezwungen wird, seine linke Serviette zu greifen, weil seine rechte Serviette bereits genommen wurde. Deshalb folgt

$$p(t) = \frac{1}{2}t + \frac{1}{2}\int_0^t p(s)\,\mathrm{d}s.$$

Wenn wir nach t differenzieren, dann umsortieren und wieder integrieren, erhalten wir:

$$\frac{\mathrm{d}p}{\mathrm{d}t} = \frac{1}{2} + \frac{1}{2}p,$$

$$\frac{2}{1+p}\mathrm{d}p = \mathrm{d}t,$$

$$2\ln(1+p) = t + C,$$

aber $C = 0$ da $p(0) = 0$. Folglich

$$p(t) = \mathrm{e}^{t/2} - 1.$$

Natürlich ist die Wahrscheinlichkeit, dass ein Gast zu einem Zeitpunkt t seine linke Serviette nicht mehr vorfindet, die gleiche, aber hier finden Sie die Schönheit dieses Ansatzes: Weil t festgehalten wird, sind die beiden Ereignisse unabhängig. Folglich ist die Wahrscheinlichkeit, dass unser Gast serviettenlos bleibt, $p(t)^2 = (\mathrm{e}^{t/2} - 1)^2$, und die Durchschnittsbildung über die Zugreifzeiten ergibt

$$\int_0^1 (\mathrm{e}^{t/2} - 1)^2\,\mathrm{d}t = \left(2 - \sqrt{\mathrm{e}}\right)^2. \qquad \square$$

Soldatengruppen im Feld

Wir nennen zwei Soldaten „Kameraden", wenn sie sich gegenseitig beobachten. Wie in Kapitel 1 ausgeführt, bestehen die Kameraden in jeder Gruppe aus denjenigen beiden Soldaten, die am nächsten zueinander stehen; es kann jedoch kein anderes Kameradenpaar in der Gruppe (zum Beispiel der Größe k) sein, weil dann die verbleibenden $k - 4$ „Beobachtungen" nicht ausreichten, um die beiden Kameradenpaare und die $k - 4$ Singles zusammenzuhalten. Wenn wir also die Wahrscheinlichkeit p ausrechnen, dass ein gegebener Soldat einen Kameraden hat, könnten wir die durchschnittliche Gruppengröße g berechnen: $p = 2/g$, folglich $g = 2/p$.

Beginnen wir mit einem Soldaten, X, in der Mitte eines quadratischen Felds F mit dem Flächeninhalt von einer Quadratmeile. Wir fügen dann n Soldaten einen nach dem anderen hinzu, jeden in zufälliger Position innerhalb von F, wobei n groß ist. Lassen Sie uns den zweiten Soldaten Y nennen; wir verwenden die kleinen Buchstaben x und y, um die Positionen von X und Y zu kennzeichnen. Es sei N das Ereignis, dass Y derjenige Soldat wird, der X am nächsten steht, und M sei das Ereignis, dass Y der Kamerad von X wird. Beachten Sie, dass $\Pr(N) = 1/n$, da Y ebenso wahrscheinlich ist, wie dass jeder nachfolgende Soldat X am nächsten steht. Wir möchten $p = \Pr(M)/\Pr(N)$ berechnen.

Damit N eintritt, fordern wir, dass kein nachfolgender Soldat in den Kreis durch y mit dem Zentrum x gelangt. Damit M eintritt, darf es keine folgenden Ankünfte in diesen Kreis oder den überlappenden Kreis durch x mit dem Zentrum bei y geben. Das Verhältnis der ersten Fläche zur zweiten beträgt $c := \pi/(\frac{4}{3}\pi + \frac{\sqrt{3}}{2}) \approx 0{,}6215049$. (Natürlich hängt dieses Verhältnis nicht von dem Abstand r von x zu y ab; die Abbildung auf der nächsten Seite gibt einen Hinweis, wie man c berechnet, wenn man Einheitskreise verwendet.)

Angenommen, wir markieren ein Feld F', das F enthält, aber einen Flächeninhalt von $1/c$ Quadratmeilen hat. Es sei M' das Ereignis, dass, *falls der Rest der Soldaten wahllos in F' statt in F platziert wird*, Y zum Kameraden von X wird.

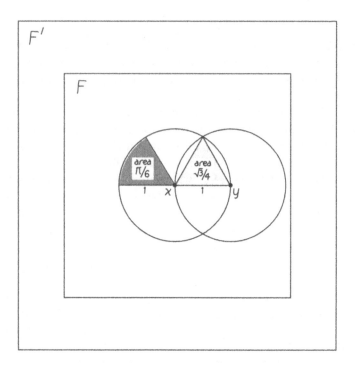

Ungeachtet des Wertes von r ruiniert jeder neue Soldat in F' mit der gleichen Wahrscheinlichkeit M', so wie die neuen Soldaten in FN ruinierten; somit gilt $\Pr(M') = \Pr(N) = 1/n$.

Jetzt nehmen Sie an, Y selbst werde aus ganz F' ausgewählt anstatt nur aus F. Um die Chance zu erhalten, der Kamerad von X zu werden, muss es in dem kleineren Feld geschehen, was mit der Wahrscheinlichkeit c eintrifft; und wir haben gesehen, dass er, falls der Soldat tatsächlich in F landet, mit der Wahrscheinlichkeit von $1/n$ zum Kameraden von X wird. Somit erreicht Y insgesamt die Wahrscheinlichkeit von c/n, so dass $p = c$.

Es folgt, dass die mittlere Gruppengröße $2/p \approx 3,2179956$ beträgt. □

Die obige Argumentation ist nicht ganz streng durchgehalten, da der Limes und die Randeffekte nicht angesprochen werden. Anhänger der Analysis und der Poisson-Verteilung finden es vielleicht direkter und überzeugender, p durch die Integration über r zu berechnen, mit dem Ergebnis

$$p = \int_0^\infty e^{-\pi r^2/c} \, 2\pi r \, dr.$$

Die obige Skalierungsmethode ist jedoch allgemeiner und elementarer sowie, abgesehen von der Berechnung von c, unabhängig von der Dimension. Wenn sich die Soldaten auf einer Geraden befinden, beträgt das Verhältnis c $2/3$, was eine durchschnittliche Gruppengröße von 3 ergibt; im Raum (vielleicht bei Tauchern?) beträgt $c = 16/27$, was auf eine durchschnittliche Gruppengröße von $3\frac{3}{8}$ hinausläuft. Steigt die Dimension, dann $c \to 1/2$, folglich $g \to 4$. Seltsam, nicht wahr, dass die Antworten in den Dimensionen 1 und 3 rational sind, nicht jedoch in der Ebene?

Luis Goddyn von der Simon-Fraser-Universität, der mich mit diesem Problem und mit seiner Lösung durch Integration bekannt machte, weist darauf hin, dass es genau so interessant wäre, die Wahrscheinlichkeit zu kennen, mit der ein Soldat nicht beobachtet wird. Weder er noch ich wissen, wie man diese Zahl berechnen soll, von der er empirisch annimmt, dass sie bei etwa 28% in der Ebene liegt (es sind 25% auf der Geraden). Im Übrigen wird der Graph, der auf einem metrischen Raum definiert ist, indem er jeden Punkt mit seinem engsten Nachbarn verbindet, oft der Gabriel-Graph genannt.

Ypsilons in der Ebene

Hier ist ein netter Beweis, der von Randy Dougherty von
der Staatsuniversität Ohio zur Verfügung gestellt wurde. Ordnen Sie jedem Y drei rationale Kreise zu (rationaler Mittelpunkt und Radius), welche die Endpunkte enthalten und
so klein sind, dass kein Kreis die anderen Arme von Y enthält oder schneidet. Wir behaupten, dass keine drei Ys alle dasselbe Kreistripel besitzen können; denn träfe dies zu,
dann könnten Sie den zentralen Knoten jedes Y mit dem
Zentrum jedes Kreises verbinden, indem Sie dem entsprechenden Arm folgen, bis Sie auf den Kreis treffen, und dann
dem Radius bis zum Kreismittelpunkt folgen. Dies würde eine Einbettung des Graphen $K_{3,3}$ (auch als das „Gas-Wasser-
Elektrizitätsnetzerk" bekannt) in die Ebene liefern.

Mit anderen Worten: Wir haben sechs Punkte in der Ebene erzeugt, eingeteilt in zwei Mengen von jeweils drei, so
dass jeder Punkt der einen Menge durch eine Kurve mit jedem Punkt der anderen Menge verbunden ist und keine zwei
Kurven sich schneiden. Dies ist unmöglich; in der Tat werden
Leser, die das Theorem von Kuratowski kennen, diesen Graphen als einen der zwei elementaren nichtplanaren Graphen
wiedererkennen.

Damit Sie selbst sehen, dass $K_{3,3}$ nicht in die Ebene einge-
bettet werden kann, ohne zu Überschneidungen zu führen,
betrachten Sie die beiden Mengen mit den Ecken $\{u, v, w\}$
und $\{x, y, z\}$. Wenn wir sie ohne Überschneidungen einbet-
ten könnten, würde die Folge u, x, v, y, w, z die aufeinanderfolgenden Ecken eines (topologischen) Hexagons repräsen-
tieren. Die Ecke uy müsste innerhalb oder außerhalb des
Hexagons liegen; liegt sie innen, dann müsste vz außen liegen, um Überschneidungen mit uy zu vermeiden, und wx
wüsste nicht, wo es hin soll.   □

Der alternative Beweis, der nachfolgend skizziert wird, wurde von David Feldman von der Universität von New Hampshire bereitgestellt. Nennen wir die Entfernung vom Verzweigungspunkt eines Y zum nächstgelegenen Endpunkt seinen *Radius*. Überabzählbar viele Ys implizieren, dass es ein $\varepsilon > 0$ gibt, so dass überabzählbar viele einen Radius größer als ε haben; unter ihnen werden überabzählbar viele ihre Verzweigungspunkte in einem einzigen Kreis mit dem Radius $\varepsilon/2$ haben.

Auch wenn Sie ihre Arme kürzen, sobald sie den Umfang erreichen, kann dies nicht vorkommen. In der Tat trifft eine Version des Arguments zu den *Figuren 8 in der Ebene* zu: Weisen Sie drei rationale Punkte in der Kreisscheibe jedem Y zu, einen in jedem Gebiet, der durch die Arme und den Rand der Scheibe bestimmt wird.

Seltsamerweise erweist sich der Graph, der aus kontinuum-vielen disjunkten Ys besteht, die, wie wir gerade gezeigt haben, nicht in der Ebene untergebracht werden können, als *einziges* Gegenbeispiel zu einer plausiblen Behauptung: dass nämlich das Geschlecht eines Graphen der Mächtigkeit des Kontinuums oder weniger das Supremum des Geschlechts seiner endlichen Untergraphen ist. Das Ergebnis findet sich in dem Aufsatz „A forbidden subgraph characterization of infinite graphs having finite genus" von Joan Hutchinson und Stan Wagon in *Graphs and Applications, Proc. of the First Colorado Symposium on Graph Theory*, herausgegeben von F. Harary und J. S. Maybee, Wiley, New York 1985, S. 183–194.

Mehr magnetische Euromünzen

Diese Variation von Polyas Urnenproblem wurde von Joel Spencer von der Universität New York und seinem Studenten Roberto Oliveira untersucht. Auf eine wirklich schöne Art

und Weise zeigen sie, dass eine Urne alle Münzen bis auf
endlich viele erhält; dazu verwenden sie die Methode der
gedächtnislosen Wartezeiten, die sich als so nützlich in der
Version II des Gladiatorenproblems aus Kapitel 6 erwiesen
hat.

Betrachten Sie nur die erste Urne. Nehmen Sie an, sie wird
mit Münzen gefüllt, wobei die durchschnittliche (gedächtnislose) Wartezeit zwischen der $n$ten und $(n + 1)$ten Münze
$1/n^{1,01}$ Stunden beträgt. Die Münzen werden zuerst langsam
und sporadisch eintreffen, dann schneller und schneller; da
die Reihe $\sum_{n=1}^{\infty} 1/n^{1,01}$ konvergiert, wird die Urne zu einem
zufälligen Zeitpunkt (im Durchschnitt nach etwa vier Tagen,
vier Stunden und 35 Minuten) unendlich viele Münzen enthalten und explodieren.

Wir starten nun zwei solcher Vorgänge gleichzeitig, je-
den mit jeweils einer Urne. Wenn sich zu einem Zeitpunkt t
x Münzen in der ersten Urne befinden und y in der zwei-
ten, dann beträgt die Wahrscheinlichkeit (wie wir bei den
Gladiatoren-Glühlampen gesehen haben), dass die nächste
Münze in der ersten Urne landet,

$$\frac{1/y^{1,01}}{1/x^{1,01} + 1/y^{1,01}} = \frac{x^{1,01}}{x^{1,01} + y^{1,01}},$$

genau, wie es sein sollte. Es spielt auch keine Rolle, wie lange
es schon her ist, dass die $x$te Münze in der ersten Urne (oder
die $y$te in der zweiten) landete, da der Vorgang gedächtnislos
abläuft. Es folgt, dass dieses beschleunigte Experiment sich
rätselgetreu verhält.

Sehen Sie aber, was jetzt passiert: Mit der Wahrscheinlichkeit 1 sind die Explosionszeiten unterschiedlich. (Dazu brauchen Sie nur zu wissen, dass die erste Wartezeit eine stetige
Verteilung hat.) Das Experiment endet jedoch mit der ersten
Explosion. Zu diesem Zeitpunkt ist die andere Urne mit irgendeiner endlichen Anzahl an Münzen gefüllt.   □

Das ist ein furchterregendes Rätsel, nicht wahr? Die langsame Urne konnte den Prozess nie abschließen, weil die Zeit endete.

11 Ungelöste und jüngst erst gelöste Rätsel

Der Mensch lernt nichts, wenn er nicht vom Bekannten zum Unbekannten voranschreitet.

Claude Bernard (1813–1878)

Um einen meiner Freunde zu zitieren: „Was zum ?$%&#@! ist ein ungelöstes Rätsel?"

Man kann in der Tat unmöglich wissen, ob es eine elegante Lösung gibt, wenn noch gar keine Lösung gefunden wurde. Einige ungelöste Rätsel ziehen immer noch viel Aufmerksamkeit auf sich, was mit der Eleganz des Problems zusammenhängen mag, häufig aber auch von der Verblüffung herrührt, dass eine Lösung nicht bekannt ist.

Mathematiker, insbesondere solche, die – wie Ihr Autor – in der Tradition Erdős' groß geworden sind, immer nach dem Einfachsten Ausschau zu halten, das man noch nicht kennt, prahlen oft mit solchen Problemen. Sitzen ein paar solcher Fanatiker zusammen, hört man oft Unterhaltungen, die so ähnlich wie diese klingen:

„*Hier ist etwas, das mich beschäftigt. Kennst du die Lösung?*"

„Ach was, ich bin noch nicht einmal sicher, ob ich die Antwort auf diese viel einfachere Frage weiß."
„Machst du Späße? Ich kenne noch nicht einmal diese*!"*

Natürlich müssen wir zwischen einem ungelösten Rätsel und einem nicht gelösten *Problem* unterscheiden, wie der Riemann-Hypothese oder der Frage, ob $P = NP$. Ungelöste Probleme können elegant sein oder auch nicht und elementar darzustellen sein; aber sie sind wichtig, und man studiert sie, weil sie (oft als Hindernis) bei der mathematischen Forschung auftauchen. Die Darlegung eines ungelösten Problems erfordert häufig „professionelle" mathematische Begriffe (Graphen, Gruppen, Mannigfaltigkeiten, Transformationen, Repräsentationen etc.), die wir bei einem Rätsel nicht zulassen – obwohl sie in der Behauptung oder letztlich der Lösung implizit enthalten oder sogar notwendig sein mögen.

Ungelöste Rätsel sollten unterhaltsam sein, faszinierend, auch ärgerlich. Aber sie sollten nicht wichtig sein, *so weit wir dies einschätzen können.* Natürlich hat jedes Rätsel einen gewissen nicht vermeidbaren Grad an Wichtigkeit, da es eine Lücke in unserer mathematischen Waffenkammer repräsentiert. Die Lösung eines bisher ungelösten Rätsels kann eine wertvolle, ernsthafte Technik freilegen; vielleicht rührt die Lösung auch von der Anwendung sehr tiefgründiger Mathematik her, die weit jenseits des Horizonts dieses Buches liegt. Einige der folgenden Rätsel, wie die Vermutung über abgeschlossene Untermengenfamilien und das $3x + 1$-Rätsel, haben in der mathematischen Gemeinschaft so viel Aufsehen erregt, dass *jede* Lösung riesiges Interesse auslösen würde, unabhängig von ihrer Anwendbarkeit in anderen Bereichen.

Die Rätsel hier werden zur Unterhaltung dargeboten und um uns daran zu erinnern, wie wenig wir wissen. Wenn nur eines dieser Rätsel durch jemanden gelöst wird, der aus diesem Buch von ihm erfahren hat, dann wäre dies ein kleines

Wunder. Wenn Sie *denken*, Sie hätten ein Rätsel gelöst, dann liegen Sie wahrscheinlich falsch. Verwenden Sie die Referenzen, befragen Sie befreundete Mathematiker und Ihre Lieblingssuchmaschine im Netz, um mehr Informationen über andere Lösungsversuche zu erhalten. Mit etwas Glück finden Sie heraus, in welche allseits bekannte Falle Sie getappt sind, bevor Sie sich in der Öffentlichkeit blamieren.

Wenn Sie immer noch denken, Sie hätten eine gültige Lösung, dann sollten Sie sie aufschreiben und an eine geeignete mathematische Zeitschrift schicken. Bitte senden Sie die Lösung nicht an mich: Ich bin bei *keinem* der Rätsel Experte.

In diesem Kapitel gibt es natürlich keinen Abschnitt mit Lösungen, aber auch hier werden wir das Format beibehalten, indem zuerst die Rätsel vorgestellt werden und dann Kommentare und Quellenangaben folgen.

Wir beginnen mit einem Klassiker von John H. Conway. Dieses Rätsel und das Rätsel „Verkehrskollaps" sind seit dem Erscheinen der englischsprachigen Originalausgabe dieses Buches gelöst worden. Sie finden hier die dazugehörigen Kommentare aus dem Buch *Mathematical Mind-Benders* von Peter Winkler, das ebenfalls bei A K Peters erschienen ist.

Conways Engel und Teufel

Ein Engel fliegt über ein unendliches Schachbrett. Ab und an muss er auf einem Quadrat landen. Er kann nicht mehr als 1000 Königszüge in der Luft machen; dann ist eine Landung unumgänglich.

Während der Engel umherfliegt, kann der Teufel, der unter dem Brett lebt, ein Quadrat seiner Wahl zerstören.

Kann der Teufel den Engel fangen?

Das $3x + 1$-Rätsel

Beginnen Sie mit einer positiven ganzen Zahl und wiederholen Sie Folgendes: Wenn die Zahl gerade ist, halbieren Sie sie. Wenn sie ungerade ist, verdreifachen Sie sie, und addieren Sie 1.

Beweisen Sie, dass Sie sich schließlich im Kreis drehen. Oder noch besser: Beweisen Sie, dass Sie letztlich im Zyklus $1, 4, 2$, $1, 4, 2, \dots$ landen!

Die längste gemeinsame Teilfolge

Zwei zufällige binäre Folgen der Länge n werden erzeugt; jedes Bit sei unabhängig von den anderen mit Wahrscheinlichkeit p „1". $C_p(n)$ sei die Länge der längsten gemeinsamen Teilfolge der beiden Folgen, und C_p sei der Grenzwert des Quotienten $C_p(n)/n$.

Berechnen Sie $C_{\frac{1}{2}}$ – oder beweisen Sie wenigstens, dass $C_{\frac{1}{2}} < C_p$ für $p \neq \frac{1}{2}$.

Den See quadrieren

Beweisen Sie, dass jede einfach geschlossene Kurve in der Ebene vier Punkte enthält, die die Eckpunkte eines Quadrats bilden.

Der einsame Läufer

In einem nie endenden Rennen haben n Läufer unterschiedliche konstante Geschwindigkeiten. Sie starten an einem gemeinsamen Punkt und laufen kreisförmige Runden mit einer Einheitslänge. Beweisen Sie, dass zu einem bestimmten Zeitpunkt sich jeder Läufer mindestens in der Entfernung $1/n$ von jedem anderen Läufer befindet.

Paare in Fächer sortieren

n Fächer stehen in einer Reihe, das $i$te Fach enthält zwei Bälle, die mit $n+1-i$ nummeriert sind. Zu jedem Zeitpunkt können Sie zwei Bälle aus benachbarten Fächern vertauschen. Wie viele derartige Platzwechsel sind notwendig, bis jeder Ball in dem Fach liegt, das seine Nummer trägt?

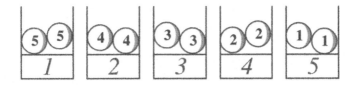

Das Polyeder auffalten

Beweisen Sie, dass es immer möglich ist, ein konvexen Polyeder entlang seiner Kanten so aufzuschneiden, dass sich seine Oberfläche zu einem einfachen planaren Vieleck entfaltet.

Das Vieleck beleuchten

Ist jedes ebene Gebiet eines Vielecks bei reflektierenden Kanten von irgendeinem inneren Punkt aus beleuchtbar?

Conways Thrackles

Ein „Thrackle" ist eine Zeichnung in der Fläche, die aus Ecken (Punkten) und Kanten (sich selbst nicht schneidenden Kurven) besteht, und zwar folgendermaßen:

- Jede Kante endet an zwei unterschiedlichen Ecken, aber berührt keine andere Ecke, und

- jede Kante schneidet jede andere genau einmal, entweder an einer Ecke oder durch Kreuzen an einem inneren Punkt.

Gibt es einen „Thrackle" mit mehr Kanten als Ecken?

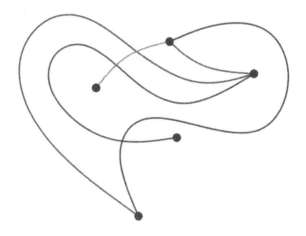

Verkehrskollaps

Auf einem unendlichen Quadratgitter werden unabhängig voneinander Ecken mit der Wahrscheinlichkeit $p \in (0, 1)$ ausgewählt; jede Ecke ist entsprechend eines fairen Münzwurfs von einem Auto, das nach Norden fährt, oder einem Auto, das nach Osten fährt, besetzt.

Die Autos werden von einer Ampel kontrolliert, die abwechselnd „grün-Ost" und „grün-Nord" anzeigt. Wenn sie auf grün-Ost springt, dann bewegt sich jedes nach Osten ausgerichtete Auto, bei dem die rechte Nachbarecke nicht besetzt ist, auf diese Ecke; die anderen (auch diejenigen, die von einem anderen nach Osten fahrenden Auto blockiert werden) bleiben, wo sie sind.

Wenn die Ampel grün-Nord anzeigt, dann bewegt sich jedes nicht blockierte Nord-Auto eine Ecke weiter nach Norden.

Experimente haben gezeigt: Wenn p unter einem bestimmten kritischen Wert p_0 bleibt, dann kommen die Autos allmählich frei; das bedeutet, für jedes Auto gibt es eine Grenzgeschwindigkeit, die der Geschwindigkeit eines Autos entspricht, das nie blockiert wird. Aber wenn $p > p_0$, dann geschieht das Gegenteil: Die Autos verheddern sich hoffnungslos, und jedes Auto macht nur endlich viele Bewegungen, bevor es für immer blockiert wird.

Ihre Aufgabe, falls Sie sie akzeptieren, besteht darin, irgendetwas davon zu beweisen!

Die Midlevels-Vermutung

Beweisen Sie, dass Sie alle Untermengen der Größe n oder $n + 1$ einer Menge der Größe $2n + 1$ durchlaufen können, indem Sie jeweils ein Element hinzufügen oder löschen.

Venn-Diagramme erstellen

Ein n-Venn-Diagramm ist eine Sammlung von n einfach geschlossenen Kurven in der Ebene, deren Schnittpunkte einfache Kreuzungen sind und die die Eigenschaft haben, dass für jede Teilmenge der Kurven die Menge der Punkte innerhalb der Kurven der Teilmenge und außerhalb der anderen Kurven eine nichtleere, zusammenhängende Komponente der Ebene minus der Vereinigung der Kurven ist.

Kann jedes n-Venn-Diagramm in der Fläche auf ein $n + 1$-Venn-Diagramm erweitert werden?

Eine Strategie für das Spiel „Kauen"

Eine Zahl k wird festgelegt, und Alice und Bob spielen das folgende Spiel: Alice benennt einen Divisor von k. Bob benennt einen anderen Divisor von k, aber er darf kein Vielfaches von Alices letztem Divisor sein. Alice sagt einen dritten Divisor, der kein Vielfaches eines zuvor genannten Divisors ist usw. Verlierer ist derjenige, der „1" sagt.

Beachten Sie, dass dieses Spiel das „Kauen"-Spiel aus einem früheren Kapitel verallgemeinert; $k = 2^{m-1}3^{n-1}$ entspricht dem Spiel mit einer $m \times n$-Schokoladentafel. Auch der frühere Beweis lässt sich verallgemeinern, aber wir bleiben trotzdem auf dem folgenden Rätsel sitzen, das für die Schokoladentafel-Version und ihre Verallgemeinerung gilt:

Finden Sie eine Gewinnstrategie für Alice!

Alle Wege führen nach Rom

Nehmen wir an, ein Netzwerk von Städten und Einbahnstraßen (das nicht notwendigerweise planar sein muss) hat folgende Eigenschaften: Aus jeder Stadt führen genau zwei Straßen hinaus, und für irgendein n gelangt man von jeder Stadt in jede andere Stadt in n Schritten.

Beweisen Sie, dass Sie die Straßen dergestalt rot und blau einfärben können, dass a) jede Stadt eine Ausfallstraße in jeder der beiden Farben hat und b) es eine Folge von Anweisungen gibt (zum Beispiel „*RBBRRRBRBBR*"), die unabhängig vom Startpunkt immer zur selben Stadt führt.

Kreisscheiben in einer Kreisscheibe

Beweisen Sie, dass jede beliebige Menge von Kreisscheiben mit einer Gesamtfläche 1 in eine Kreisscheibe der Fläche 2 gepackt werden kann. Noch besser: Beweisen Sie, dass in einem d-dimensionalen Raum jede beliebige Menge von Kopien einer konvexen Figur mit dem Gesamtvolumen 1 in eine Kopie des Volumens 2^{d-1} gepackt werden kann.

Die Vermutung über abgeschlossene Untermengenfamilien

U sei eine endliche Menge und $\mathcal{F}$ eine Familie nichtleerer Untermengen von U, die unter Vereinigungsbildung abgeschlossen ist. Beweisen Sie, dass es ein Element in U gibt, das in mindestens der Hälfte der Mengen von $\mathcal{F}$ ist.

Rechtecke packen

Gegeben sei eine endliche Menge an Punkten in einem Quadrat, inklusive der linken unteren Ecke. Können Sie eine Menge disjunkter Rechtecke im Quadrat konstruieren, von denen jedes als unteren linken Punkt einen der gegebenen Punkte hat und deren Gesamtfläche mindestens der Hälfte der Fläche des Quadrats entspricht?

Produkte und Summen

Können Sie die natürlichen Zahlen $\{0, 1, 2, \ldots\}$ mit endlich vielen Farben dergestalt einfärben, dass die Summe $x+y$ und das Produkt xy von beliebigen zwei ganzen Zahlen immer unterschiedliche Farben aufweisen?

Das nächste Rätsel hat mit dem Spiel namens „Gruppenzwang" zu tun, das von Boris Alexeev von der Universität von Georgia erfunden wurde; das Spiel war jüngst beim US-Team für die Mathematikolympiade sehr beliebt.

Gruppenzwang

An zwei Spieler wird zunächst offen eine bestimmte Anzahl Karten ausgegeben. Jede Karte zeigt eine andere ganze Zahl. In jeder Runde spielen die beiden Spieler gleichzeitig eine Karte aus; die höhere Karte wird abgelegt, und die niedrigere Karte wird an den anderen Spieler weitergegeben. Verloren hat, wer keine Karten mehr besitzt.

Wenn die Anzahl der Spielkarten wächst: Was ist die Grenzwahrscheinlichkeit, dass einer der Spieler eine Gewinnstrategie hat?

Im Folgenden ein verstörender Quickie von Steve Hedetniemi von der Clemson-Universität.

Abdeckung mit Damen

$f(n)$ sei die Mindestanzahl Damen, die benötigt wird, um auf einem $n \times n$-Schachbrett jedes Quadrat durch eine Dame zu besetzen oder zu bedrohen. Ist es immer der Fall, dass $f(n + 1) \geq f(n)$?

Nun folgt ein unterhaltsames, aber tatsächlich ziemlich ernsthaftes Rätsel, das Experten für Optimierung jahrelang irritiert
hat.

Rendezvous

Zwei Freunde werden getrennt, während sie in einem Einkaufszentrum shoppen. Es dauert 15 Minuten, ein Geschäft
zu durchsuchen, aber nur eine unbedeutende Zeit, um von
einem Geschäft zu einem anderen zu gelangen (das Zentrum
ist als mehrgeschossiges Quadrat angelegt). Die Freunde haben keinen Treffpunkt vereinbart und auch nicht verabredet,
wer suchen und wer an Ort und Stelle bleiben sollte. Was
sollten sie tun, um die Zeitspanne zu minimieren, bis sie einander gefunden haben?

Ein Rechteck verbiegen

Wahrscheinlich wissen Sie, dass man ein Möbius-Band herstellen kann, indem man die Enden eines langen rechteckigen Papierstreifens nach einer halben Drehung zusammen-
klebt. Wie lang soll der Streifen sein? Anders gesagt: Wie sind
die Proportionen des einem Quadrat ähnlichsten Papierrecht-
ecks, aus dem man ein Möbius-Band herstellen kann, ohne
das Papier zu dehnen oder zu knittern?

Kaugummiautomaten

Verschiedene Kaugummiautomaten in der Einkaufspassage
arbeiten nach dem Zufallsprinzip; manchmal geben sie viele, manchmal gar keine Kaugummikugeln her. Aber jeder Au-
tomat gibt im Durchschnitt eine Kaugummikugel her, wenn
er betätigt wird. Wenn alle n Maschinen gleichzeitig betrie-

ben werden, wie hoch ist dann die maximal mögliche Wahrscheinlichkeit, dass dabei mehr als n Kaugummikugeln herauskommen?

Kreisscheiben in der Ebene

Gegeben sei eine Sammlung von offenen Einheitskreisscheiben, die die Ebene tausendfach bedeckt. Dies bedeutet, dass jeder Punkt von $\mathbb{R}^2$ von wenigstens tausend Scheiben bedeckt ist. Beweisen Sie, dass Sie jede Scheibe dergestalt rot oder blau einfärben können, dass die roten Scheiben allein und die blauen Scheiben allein die Ebene jeweils bedecken.

Kommentare und Quellen

Conways Engel und Teufel

Dieses Rätsel war 30 Jahre lang offen und wurde plötzlich auf verblüffende und unerklärbare Weise gelöst – unabhängig voneinander und nahezu gleichzeitig von vier Menschen in vier verschiedenen Ländern.

Die Methoden waren zumeist ähnlich, beruhten aber nicht auf irgendeiner erst jüngst entdeckten neuen Technik. Tatsächlich begannen die vier mit Beobachtungen, die John H. Conway selbst in den 1970er Jahren gemacht hatte. Die Problemlöser waren András Máthé von der Eötvös-Loránd-Universität in Budapest, Brian Bowditch von der Universität Southampton, Oddvar Kloster von SINTEF ICT in Oslo, und Peter Gács von der Universität Boston. Es war lange bekannt, dass der Engel mit der Kraft 1 (was bedeutet, dass er sich nur um einen Königsschritt bewegen kann, wenn er fliegt) besiegt werden kann. Máthé und Kloster zeigten, dass

ein Engel mit der Kraft 2 das Spiel gewinnen kann; Bowditch
bewies, dass Kraft 4 ausreicht, und Gács zeigte, dass irgendeine Kraft genügt.

Die Beweise waren für Béla Bóllobás von der Universität Cambridge und der Universität Memphis so einleuchtend,
dass er in einer wunderbaren einstündigen Rede an der Universität Illinois beschrieb, wie sie zu verschmelzen sind. Das
Folgende ist eine auf dieser Rede und Máthés Artikel basie-
rende formlose Beschreibung eines Beweises, dass ein Engel
mit der Kraft 5 gewinnen kann.

Die Grundidee besteht in folgendem Gedanken: Wenn
der Engel (in einem etwas stärkeren Sinn) gegen einen beschränkten Gegner, den wir den „netten Teufel" nennen, gewinnen kann, dann kann er auch gegen den Originalteufel
gewinnen. Und es stellt sich heraus, das der Engel eine überraschend einfache Gewinnstrategie gegen den netten Teufel
besitzt.

Der nette Teufel darf kein Quadrat fressen, auf das der
Engel zuvor gesprungen sein könnte. Anders formuliert: Alle
Quadrate in einer Entfernung zwischen 0 und p von einem
Quadrat, das der Engel früher aufgesucht hat, sind für den
netten Teufel verbotenes Gelände. Man kann leicht nachwei-
sen, dass der Engel das Originalspiel gewinnen kann, wenn
er für jedes n um die Entfernung n fliehen kann; wir zeigen
nun, dass er dies auch gegen den Originalteufel anwenden
kann, wenn er es dem netten Teufel gegenüber vermag.

Wir nehmen zu diesem Zweck an, dass der Originalteufel
eine Strategie besitzt, um den Engel innerhalb einer Entfernung n vom Ausgangspunkt zu halten, und zeigen, wie der
nette Teufel dasselbe tun kann. Gegeben sei eine Folge von
Bewegungen des Engels; wir schaffen nun auf folgende Weise eine „reduzierte" Folge: A_1 sei der am frühesten besuchte
Platz, von dem der Engel direkt zum Endpunkt A_0 gesprungen sein könnte; wir löschen alle Bewegungen zwischen A_1

und A_0. Jetzt sei A_2 der am frühesten besuchte Ort, von dem der Engel direkt nach A_1 gesprungen sein könnte; wir löschen wiederum alle Bewegungen zwischen A_2 und A_1. Wenn wir auf diese Weise fortfahren, erhalten wir eine gekürzte Version $A_k, A_{k-1}, \ldots, A_1, A_0$ der Originalfolge, bei der der Engel nie auf einen Punkt springt, auf dem er schon zuvor gewesen sein könnte.

Wir lenken nun den netten Teufel dahin, dass er so auf eine gegebene Folge von Bewegungen antwortet, wie der Originalteufel auf die reduzierte Folge reagiert hätte. Lediglich wenn er aufgefordert wird, ein unzulässiges Quadrat zu fressen (oder eines, das er bereits verspeist hat), frisst er stattdessen irgendein zulässiges Quadrat. Man kann leicht Folgendes zeigen: Wenn dem Engel eine gegebene Folge gegenüber dem netten Teufel möglich ist (was bedeutet, dass er nicht auf einem gefressenen Quadrat landet), dann funktioniert die gekürzte Version auch gegenüber dem Originalteufel. Wenn der Engel daher gegenüber dem netten Teufel um die Entfernung n fliehen kann, so ist ihm dasselbe auch gegenüber dem Originalteufel möglich, und er gewinnt das Spiel.

Wir haben das Problem auf die Flucht vor dem netten Teufel reduziert, aber dies ist selbst dann bemerkenswert leicht zu bewerkstelligen, wenn wir dem Engel nur erlauben, über noch nicht gefressene Quadrate zu laufen, nicht zu springen. Er startet auf dem Quadrat, dessen untere linke Ecke auf dem Ursprung liegt, und stellt sich eine Mauer entlang der Geraden $y = 0$ vor. Jedes Mal, wenn der nette Teufel ein Quadrat frisst, errichtet der Engel eine Wand um dieses Quadrat. In der Zwischenzeit läuft er bei jedem Zug möglichst nach Norden, wobei er die Mauer zu seiner Linken hält, sofern er das darf. Gelegentlich muss der Engel nach Süden laufen, um einen Abschnitt der Mauer zu umgehen, aber Kraft 5 reicht aus, um sicherzustellen, dass er bei jedem Schritt mindestens um eine Einheit nach Norden vorwärtskommt. Daraus folgt, dass ein Engel der Stärke 5 um jede beliebige Entfernung fliehen kann. Mit etwas mehr Arbeit kann man sogar zeigen, dass Stärke 2 genügt. Die Abbildung auf der nächsten Seite zeigt einen möglichen Pfad für einen Engel der Stärke 2.

Es ist bemerkenswert, dass diese Strategie des Engels ziemlich sicher gegenüber dem Originalteufel nicht funktioniert, der zum Beispiel weit oben auf der y-Achse dem Engel eine Falle stellen kann, indem er ihn an das Ende einer Halbinsel lockt, die von einem weiten Meer aus gefressenen Quadraten umgeben ist und ihm dann den Rückweg abschneidet. Der nette Teufel ist dazu nicht in der Lage, da es ihm nicht erlaubt ist, die Basis der Halbinsel wegzufressen, nachdem der Engel hier entlanggegangen ist.

Unglücklicherweise ist es schwer zu erklären, wie diese Laufstrategie sich in eine erfolgreiche Strategie gegenüber dem Originalteufel umwandeln lässt, obwohl die obige Reduktion einfach zu sein scheint. Dies erklärt bis zu einem gewissen Punkt, warum das Rätsel so lange offen blieb; wieder einmal wird die Beobachtung bekräftigt, dass Reduzierungen bei der Lösung von Problemen ein leistungsfähiges Werkzeug sein können.

Das 3x + 1-Rätsel

Die Ursprünge dieses berühmten Rätsels (auch bekannt als Collatz-Problem, Syracus-Problem, Kakutanis Problem, Hasses Algorithmus und Ulams Problem) liegen im Dunkeln. Lothar Collatz, ein Student an der Universität Hamburg, vermerkte am 1. Juli 1932 ein ähnliches Problem in seinem Notizbuch, aber so wie wir es heute kennen, scheint das Problem erst in den 1950er Jahren populär geworden zu sein.

Jeff Lagarias von den AT&T-Laboratorien hat einen sehr schönen Überblick verfasst: „The $3x + 1$ Problem and its Gene-

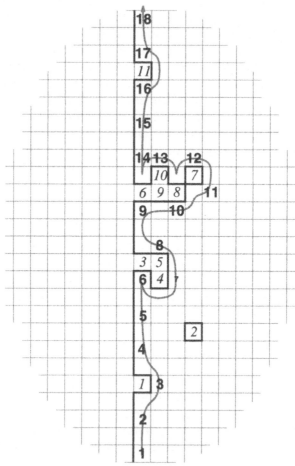

Die Mauer (*schwarz*), der Engel (**Fettdruck**) und der nette Teufel (*kursiv*).

ralizations", in *Amer. Math. Monthly*, Bd. 92 (1985), S. 3–23. Diesen Artikel kann man im Web unter http://www.cecm. sfu.ca/organics/papers lesen; weitere Informationen findet man auf Lagarias' Website http://www.research.att.com/~jcl/ 3x+1.html. Lagarias macht darauf aufmerksam, dass das Rätsel einst den Ruf hatte, Teil einer Verschwörung zu sein, die zum Ziel hatte, die mathematische Forschung in den USA zu verlangsamen. Lassen Sie sich das eine Warnung sein!

Die längste gemeinsame Teilfolge

Dieses Rätsel geht auf eine Dissertation von V. Dančík aus dem Jahre 1974 an der Universität Warwick zurück. Michael Steele (Universität von Pennsylvania) mutmaßte, dass $C_{1/2} = 2/(1 + \sqrt{2}) \approx 0{,}828427$. V. Chvátal und D. Sankoff zeigten, dass $0{,}773911 < C_{1/2} < 0{,}837623$, und es schien, als ob Steeles Zahl zu hoch war; schließlich erledigte George Lueker von der Universität von Kalifornien in Irvine 2003 die Vermutung; er kam zu dem Ergebnis $0{,}7880 < C_{1/2} < 0{,}8263$. Ein kurzer Bericht erschien in *Proc. 14th ACM-SIAM Symp. on Discrete Algorithms*, Baltimore, Maryland (2003), S. 130–131.

Der Beweis, dass C_p existiert, ist eine leichte Übung in Subadditivität (siehe zum Beispiel Rick Durretts *Probability: Theory and Examples*, Wadsworth (1991), Abschnitt 6.6), aber die Methode gibt oft keinen Hinweis darauf, wie die Konstante zu berechnen ist. Noch ein derartiges Beispiel: Béla Bollobás und ich zeigten, dass es eine Zahl K_d mit der Eigenschaft gibt, dass die längste koordinatenweise wachsende Kette unter n zufälligen Punkten im d-dimensionalen Raum eine Größe von ungefähr $K_d \cdot n^{1/d}$ hat. Wir kennen $K_1 = 1$, $K_2 = 2$ und $\lim_{d \to \infty} K_d = e$, aber was ist K_3?

Wenn wir die Wahrscheinlichkeit p einer „1" abwandeln, indem wir $p > 1/2$ sein lassen, erhalten wir natürlich $C_p > p$, da wir uns die Teilfolge ansehen können, die aus allen Einsen besteht. Daher $C_p \to 1$, wenn $p \to 1$, und es liegt nahe, dass C_p bei $p = 1/2$ minimiert wird. Wir müssten sogar noch nicht einmal die genauen Werte von C_p wissen, um das zu beweisen. Aber im Augenblick weiß noch niemand, wie der Beweis aussehen könnte.

Den See quadrieren

Auf http://www.ics.uci.edu/~eppstein/junkyard/jordansquare.html können Sie eine nette Diskussion dieses Rätsels finden. Es scheint einige Beweise dafür gegeben zu haben, dass *hinreichend glatte* geschlossene Kurven in der Ebene immer die Ecken eines Quadrats enthalten (siehe zum Beispiel Walter Stromquist, „Inscribed Squares and Square-Like Quadrilaterals in Closed Curves", in *Mathematika*, Bd. 36, No. 2 (1989), S. 187–197). Die allgemeine Vermutung blieb aber dennoch seit mehr als 90 Jahren offen (siehe *Old and New Unsolved Problems in Plane Geometry and Number Theory* von Victor Klee und Stan Wagon, Mathematical Association of America, 1991).

Es ist ein wenig beschämend, dass es den Mathematikern nicht gelungen ist zu bestimmen, ob jede geschlossene Kurve in der Ebene die Ecken eines Quadrats enthält. Finden Sie nicht auch?

Der einsame Läufer

Diese herrliche Vermutung stammt anscheinend von J. M. Wills, „Zwei Sätze über inhomogene diophantische Approximationen von Irrationalzahlen", in *Monatsch. Math.*, Bd. 71 (1967), S. 263–269. 1973 war sie schließlich bei T. W. Cusick angekommen, der sie zusammen mit Carl Pomerance 1984 für bis zu fünf Läufer bewies. Tom Bohman, Ron Holzman und Dan Kleitman (Sie erinnern sich an Boxen und Unterboxen?) schafften es auf sechs; Sie können ihren Artikel auf http://www.combinatorics.org/Volume_8/PDF/v8i2r3.pdf einsehen. Auf http://www.ceremade.dauphine.fr/CMD/ preprints03/0315-6runnersJT.pdf finden Sie einen kürzeren Beweis von Jérôme Renault.

Den Namen des Rätsels verdanken wir Luis Goddyn von der Simon-Fraser-Universität, der ebenfalls hierzu veröffentlicht hat.

Das Rätsel ist typisch zahlentheoretisch; man kann in der Tat zeigen, dass man alle Geschwindigkeiten ganzzahlig annehmen kann.

Paare in Fächer sortieren

Dieses seltsame Rätsel entstand bei Bellcore (jetzt Telcordia Technologies) im Zusammenhang mit statistischen Untersuchungen über Ranglisten mit Gleichstand. Ich arbeitete zusammen mit den Kollegen Michael Littman (jetzt bei Rutgers) und Graham Brightwell (London School of Economics) an dem Problem. Das Rätsel lässt sich nicht nur auf k Bälle in einem Fach, sondern auf Fächer in verschiedenen Größen verallgemeinern. Wir konzentrieren uns hier auf Fächer der Größe 2.

Wenn wir zum Beispiel nur n Fächer der Größe 1 hätten, die n Bälle enthielten, die in umgekehrter Reihenfolge nummeriert wären, dann ließe sich in einer leichten Standardübung herausarbeiten, dass $\binom{n}{2}$ Tauschvorgänge notwendig wären, damit jeder Ball im richtigen Fach liegt. Man kann dies an der Beobachtung nachvollziehen, dass jedes Ballpaar zu Beginn in der falschen Reihenfolge liegt und ein Austausch nur einem benachbarten Paar weiterhilft. Dies sagt uns auch: Solange wir nichts Dummes tun (nämlich zwei Bälle vertauschen, die bereits in der erwünschten Reihenfolge liegen), dann sind wir nach $\binom{n}{2}$ Tauschvorgängen fertig. Es spielt keine Rolle, was die ursprüngliche Konfiguration war, $\binom{n}{2}$ Tauschvorgänge genügen; die umgekehrte Reihenfolge zu Beginn ist, wie Sie sich vielleicht schon gedacht haben, der schlimmste Fall.

Es scheint offensichtlich, dass diese Argumentation auch bei zwei Bällen pro Fach funktioniert. Sie können sich das so vorstellen, dass es zwei Mengen von Bällen gibt, rote und grüne, von denen jede von 1 bis n nummeriert ist; wir können jede Menge getrennt sortieren und sind nach $2\binom{n}{2}$ Schritten fertig. Und sicher sind $2\binom{n}{2}$ notwendig, nicht wahr?

Nun ... dem ist nicht so. Nehmen Sie $n = 5$, und schauen Sie sich das Diagramm auf der nächsten Seite an; es sieht so aus, als hätten wir die Bälle wunderbarerweise in nur 15 Tauschvorgängen statt der 20 sortiert, die unvermeidbar schienen.

Man kann es nicht besser als mit 15 Tauschvorgängen schaffen; oder allgemeiner gesagt: in $\lceil \binom{2n}{2}/3 \rceil$ Tauschvorgängen, wenn es n Fächer mit zwei Bällen gibt. Sie können dies nachvollziehen, wenn Sie einen Punkt für einen Tausch vergeben, zum Beispiel wenn ein Ball mit einer hohen Nummer von der linken Seite eines Balles mit niedriger Nummer um eine Position nach rechts wandert. Wir vergeben jeweils einen halben Punkt für das Einholen und Weiterbewegen, wenn das Passieren in zwei Schritten erfolgt. Außerdem müssen zwei Zähler mit der gleichen Zahl eine Einpunktgebühr auf sich nehmen, da sie sich an einem bestimmten Punkt trennen (1/2 Punkt) und dann wieder rekombinieren müssen. Daher gibt es $\binom{2n}{2}$ Punkte, die beim Sortieren aller Bälle erreicht werden müssen.

Wie viele Punkte können in einem Schritt erreicht werden? Nun, nehmen wir an, die Bälle mit den Nummern u und y werden zwischen einem Fach, das u and v enthält, und einem benachbarten Fach mit x and y ausgetauscht. Wir können einen Punkt für u versus y bekommen, jeweils 1/2 Punkt

1	2	3	4	5
55 ←→ 44	33	22	11	
54	54 ←→ 33	22	11	
54	43	53 ←→ 22	11	
54	43	32	52 ←→ 11	
54	43	32 ←→ 21	51	
54	43 ←→ 21	32	51	
54 ←→ 31	42	32	51	
41	53 ←→ 42	32	51	
41	32	54 ←→ 32	51	
41	32	42	53 ←→ 51	
41	32	42 ←→ 31	55	
41	32 ←→ 21	43	55	
41 ←→ 21	32	43	55	
11	42 ←→ 32	43	55	
11	22	43 ←→ 43	55	
11	22	33	44	55

für u versus v (für das Weiterbewegen) und y versus x und jeweils 1/2 Punkt für u versus x (für das Einholen) und y versus v. Das ergibt insgesamt drei Punkte. Die Schranke folgt.

Es gibt noch mehr gute Neuigkeiten. Wie im Fall der Fächer der Größe 1 ist leicht zu sehen, dass das Umkehren der Reihenfolge wiederum den schwersten Fall darstellt. Wenn also $f_2(n)$ die Minimalzahl der notwendigen Tauschvorgänge ist, um ausgehend von irgendeiner Anfangskonfiguration n Fächer und zwei Bälle pro Fach zu sortieren, dann ist $f_2(n)$ für dieses Rätsel notwendig. Wenn ein Tausch zwischen den Fächern i und $i + 1$ stattfinden muss, ist es ebenfalls leicht zu beweisen, dass es nicht falsch sein kann, den Ball mit der höchsten Zahl in Fach i mit dem Ball zu vertauschen, der in Fach $i + 1$ die niedrigste Nummer hat.

Aber es gibt auch schlechte Nachrichten, sonst wäre das Rätsel ja auch nicht in diesem Kapitel. Die Schranke $\lceil \binom{2n}{2}/3 \rceil$ ist nicht immer erreichbar; zum Beispiel zeigt sich, dass $f_2(6) \geq 21$, aber eine Computersuche hat tatsächlich keinen Weg aufgezeigt, die Angelegenheit mit sechs Fächern in weniger als 22 Tauschvorgängen zu erledigen. Schlimmer noch: Das hübsch aussehende Tauschmuster im Diagramm für fünf Fächer ist nicht generell optimal.

Aber es ist gut möglich, dass ein anderes Schema optimal ist und vielleicht sogar eine nette Formel für $f_2(n)$ liefert.

Das Polyeder auffalten

Zugegeben: Dieses Rätsel ist wirklich alt (siehe *The Painter's Manual: A Manual of Measurement of Lines, Areas, and Solids by Means of Compass and Ruler Assembled by Albrecht Dürer for the Use of All Lovers of Art with Appropriate Illustrations Arranged to be Printed in the Year MDXXV*, Neudruck von Abaris Books 1977). Der Hintergrund ist folgender: Wenn Sie ein Polyeder bemalen wollen, ist es nützlich, es sich an den Kanten aufgeschnitten und in der Ebene ohne Überlappungen ausgebreitet vorzustellen.

Die spezifische Behauptung im Rätsel scheint aber ihren Ursprung in einem Artikel von G. C. Shephard von der Universität von East Anglia zu haben: „Convex Polytopes with Convex Nets", in *Math. Proc. Camb. Phil. Soc.*, Bd. 78 (1975), S. 389–403.

Es ist bekannt, dass es nichtkonvexe Polytope gibt, die nicht auf diese Weise aufgeschnitten und ausgebreitet werden können; und es gibt konvexe Polytope, die selbst überlappende Entfaltungen, aber auch einwandfreie haben. In der Abbildung, die von Makoto Namiki von der Universität Tokyo zur Verfügung gestellt wurde, sehen Sie andernfalls nichts als einen Tetraeder.

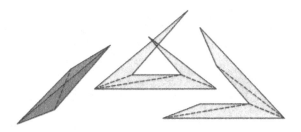

Es ist übrigens (falls Sie sich das gefragt haben sollten) nicht so, dass sich jede Entfaltung in unzweideutiger Weise in ein konvexes Polyeder zurückfalten lässt.

Eine Diskussion und weitere Abbildungen finden Sie auf der Homepage von Komei Fukuda an der ETH Zürich, http://www.ifor.math.ethz.ch/~fukuda/fukuda.html.

Das Vieleck beleuchten

Nach der Aussage von Joseph O'Rourke vom Smith College, die er in seinem Buch *Art Gallery Theorems and Algorithms* (Oxford University Press, 1987) macht, ist der ursprüngliche Erfinder des Rätsels unbekannt. Victor Klee schrieb 1969 einen Artikel in *American Mathematical Monthly* über das Problem, der sehr viel Beachtung fand.

Wenn ein Lichtstrahl, der auf eine Ecke trifft, absorbiert wird (so wie es ursprünglich verlangt war), dann ist es möglich, ein Vieleck zu konstruieren, das nicht von *irgendeinem* inneren Punkt beleuchtbar ist. Das unten abgebildete Beispiel wurde 1995 von G. Tokarsky gefunden.

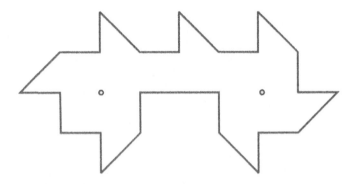

O'Rourke vermutet, dass in jedem Spiegelvieleck *P* die Menge der inneren Punkte, von denen aus *P* nicht beleuchtet werden kann, das Maß 0 hat; wenn zudem die Ecken durch kleine kreisförmige Bogen ersetzt werden, dann gibt es überhaupt keine Punkte dieser Art.

Es ist möglich, eine *kurvenförmige* geschlossene Figur zu entwerfen, die von *keinem* inneren Punkt aus beleuchtet werden kann, wie Klee selbst entdeckte. Seine Figur (die Sie hier sehen) verwendet zwei Halbellipsen mit Brennpunkten an den angegebenen Punkten; eine Lichtquelle in der oberen Hälfte beispielsweise belässt die linken und rechten Flügel der unteren Hälfte im Dunkeln.

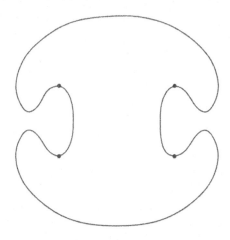

Es gibt noch einige andere fesselnde offene Rätsel, bei denen Spiegel eine Rolle spielen. Kann zum Beispiel eine endliche Menge disjunkter Segmentspiegel das Licht von einer Quelle einfangen? Und wie ist es bei kreisförmigen Spiegeln? Dies und noch mehr finden Sie auf Folien aus einem wunderbaren Vortrag von O'Rourke („Unsolved Problems in Visibility") auf http://dimacs.rutgers.edu/dci/2001/Visibility.ppt.

Conways Thrackles

Diese faszinierende Vermutung Conways datiert aus den 1960er Jahren (siehe D. R. Woodall, „Thrackles and Deadlock", in *Combinatorial Mathematics and its Applications, Proceedings of a Conference held at the Mathematical Institute*, herausgegeben von D. A. J. Welsh, Oxford (1969),

S. 335–348). Das Puzzle wird noch befremdlicher, weil die Vermutung sich darauf reduzieren lässt, dass die Vereinigung von zwei flachen Kreisen, die einen Punkt gemeinsam haben, niemals als Thrackle gezeichnet werden kann. Das beste Teilresultat, das ich kenne, besagt, dass die Zahl der Ecken nicht mehr als doppelt so groß sein kann wie die Zahl der Ecken minus 3 (L. Lovász, J. Pach und M. Szegedy, „On Conway's Thrackle Conjecture", in *Discrete and Computational Geometry*, Bd. 18 (1997), S. 369–376).

Auf http://www.thrackle.org gibt es einen Thrackle-Fanclub.

Verkehrskollaps

Dieses Modell des Verkehrsflusses an der Kreuzung zweier großer Einbahnstraßen wurde in O. Biham, A. A. Middleton und D. Levine, „Self Organization and a Dynamical Transition in Traffic Flow Models", in *Phys. Rev. A*, Bd. 46:R6124 (1992) vorgestellt. Sein bizarres Verhalten hat für viel Aufsehen gesorgt; auf http://cui.unige.ch/spc/Bibliography/traffic.html finden Sie eine Bibliographie.

In der Abbildung sehen Sie endliche Teile einer freien und einer kollabierten Konfiguration; beide sind einigermaßen typisch für das, was sich bei Experimenten von Raissa D'Souza gezeigt hat, die an der Universität von Kalifornien in Davis arbeitet.

Im Frühjahr 2005 machten Omer Angel, Ander Holroyd und James Martin vom Mathematical Sciences Research Institute in Berkeley endlich Fortschritte: Sie bewiesen, dass es die Stauphase wirklich gibt. Mit anderen Worten: Sie zeigten, dass sich bei hinreichend hoher Verkehrsdichte die Autos stauen, so dass jedes Auto nach nur endlich vielen Schritten stehen bleibt. Ihr Beweis verwendet die Theorie der Perkolation; er wird hier nicht wiedergegeben, aber er ist sehr tiefschürfend. Wer Interesse hat, sollte ihn lesen. Der

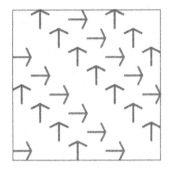 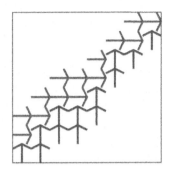

Artikel trägt den Titel „The Jammed Phase of the Biham-Middleton-Levine Traffic Model" und ist auf http://arxiv.org/abs/math/0504001 archiviert.

Die Midlevels-Vermutung

Dieses berühmte Rätsel über Hamilton-Zyklen wurde verschiedentlich den Kombinatorikern Ivan Hável, Claude Berge, Italo Dejter, Paul Erdős, W. T. Trotter und David Kelley zugeschrieben; Hável war vielleicht der Erste. Die Frage ist so natürlich, dass sie oft wiederentdeckt wird. Kelley stellte das Rätsel 1981 bei einem Treffen in Oberwolfach in Deutschland vor; er gewann einen Preis (eine Flasche Wein) für die kürzeste Darlegung eines Problems.

Der Leser sei gewarnt: Dieses Rätsel ist ansteckend; Experimente haben tatsächlich viele intelligente Problemlöser zu dem Glauben verleitet, es gebe ein Muster, das für jedes *n* funktioniert. Niemand glaubt, dass die Vermutung falsch ist; Robert Roth (Emory-Universität) führte in der Tat vor Jahren einige Computerexperimente durch, die nahelegen, dass die *Anzahl* der Möglichkeiten, die mittleren Ebenen zu durchlaufen, eine *extrem* schnell wachsende Funktion von *n* ist. Dass es ein *n* gibt, bei der sie wieder auf null fallen könn-

te, erscheint ziemlich unplausibel, aber es gibt noch keinen
Beweis des Gegenteils.

Das beste Teilergebnis findet sich in einer kürzlich er-
schienenen Dissertation von Robert Johnson, einem Studenten von Imre Leader von der Universität Cambridge. Johnson
zeigte, dass es (wenn n anwächst) Zyklen durch eine beliebig
hohe Teilmenge der mittleren Ebenen gibt.

Venn-Diagramme erstellen

Dieses Rätsel dreht sich wie das vorhergehende um Hamilton-
Zyklen. Um zu einem n-Venn-Diagramm eine neue Fläche
hinzuzufügen, muss man eine geschlossene Kurve zeichnen,
die jede Fläche genau einmal schneidet. Die Vermutung
stammt von Ihrem Autor; man findet sie in „Venn Diagrams:
Some Observations and an Open Problem", in *Congressus
Numerantium*, Bd. 45 (1984), S. 267–274.

Kiran B. Chilakamarri, Peter Hamburger und Raymond E. Pip-
pert beweisen in „Simple, Reducible Venn Diagrams on Five
Curves and Hamiltonian Cycles", in *Geometriae Dedicata*,
Bd. 68 (1997), S. 245–262, dass man tatsächlich jedes Venn-
Diagramm erweitern kann, wenn Kreuzungen von mehr als
zwei Kurven zugelassen sind. Aber die ursprüngliche Vermutung ist seit nunmehr 20 Jahren immer noch offen.

Das *Electronic Journal of Combinatorics* stellt im Web
einige nützliche Studien zur Verfügung, darunter eine über
Venn-Diagramme von Frank Ruskey von der Universität Victo-
ria. Sie finden sie unter http://www.combinatorics.org/
Surveys/ds5/VennEJC.html. Ruskey ist Experte für Venn-Diagramme, die auf John Venns Artikel „On the Diagrammatic
and Mechanical Representation of Propositions and Reaso-
nings", in *The London, Edinburgh, and Dublin Philosophi-
cal Magazine and Journal of Science*, Bd. 9 (1880), S. 1–18,
zurückgehen.

Selbst ein Alter von mehr als 120 Jahren schützt niemanden vor neuen elementaren Entdeckungen, das ist sicher! Vor Kurzem wurde ein anderes Problem aus dem Bereich der Venn-Diagramme gelöst, als Chip Killian und Carla Savage von der North Carolina State University und Jerry Griggs von der Universität von South Carolina zeigten, wie man ein rotationssymmetrisches Venn-Diagramm beliebiger Primzahlordnung konstruiert. Ein Artikel von Barry Cipra über ihre Arbeit findet man unter http://www.math.ncsu.edu/News/venn.pdf.

Eine Strategie für das Spiel „Kauen"

Das Spiel „Kauen" wurde 1974 von David Gale erfunden („A Curious Nim-Type Game", in *Amer. Math. Monthly*, Bd. 81 (1974), S. 876–879) und von Martin Gardner getauft. Es ist das Äquivalent zu einem Spiel namens „Divisoren", veröffentlicht in Fred. Schuh, „Spel van Delers", in *Nieuw Tijdschrift voor Wiskunde*, Bd. 39 (1952), S. 299–304. In Schuhs Spiel wird eine positive ganze Zahl n festgelegt, und die Spieler benennen abwechselnd Divisoren von n; dabei gilt die Einschränkung, dass keine Nennung das Vielfache einer früheren Ansage sein darf. Verloren hat, wer gezwungen ist, die Zahl 1 zu nennen.

Wenn n die Form $p^a q^b$ hat, wobei p und q Primzahlen sind, dann sind alle Spiele von der Form $p^i q^j$ für $0 \leq i \leq a$, $0 \leq j \leq b$, und jedes Spiel muss ein i oder ein j haben, welches kleiner als jedes zuvor benutzte i oder j ist. Aber dies ist dasselbe Spiel wie „Kauen" mit einer $(a + 1) \times (b + 1)$ Schokoladentafel; umgekehrt führt eine d-dimensionale Tafel Schokolade zum Spiel *Divisoren*, das mit dem Produkt von Potenzen von d Primzahlen gespielt wird.

Die Argumentation des Strategie-Diebstahls funktioniert bei *Divisoren* sehr gut; der erste Spieler muss eine Gewinnstrategie besitzen, denn wenn der zweite Spieler eine hätte, dann hätte seine Gewinnantwort auf die Eröffnung „*n*" vom ersten Spieler selbst als Eröffnung benutzt werden können. Aber niemand weiß, worin diese Strategie besteht.

Abenteuerliche Naturen haben erwogen, in „Kauen" transfinite Ordinalzahlen zuzulassen. Noch allgemeiner sind „Poset-Spiele" (Spiele mit partiell geordneten Mengen), die mit einer festgelegten partiell geordneten Menge *P* beginnen, aus der zwei Spieler abwechselnd Elemente auswählen. Kein Spieler darf ein Element wählen, das größer als oder gleich einem zuvor gewählten Element ist; das Ziel des Spiels ist, das letzte Element zu bekommen. Zum Zeitpunkt dieser Niederschrift wurde ein nettes Theorem über „Poset-Spiele" von Steven J. Byrnes, einem Abiturienten aus West Roxbury, Massachusetts, bewiesen. Mit seinem Theorem gewann Steven 2002 ein 100 000-$-Stipendium beim Siemens-Westinghouse-Wettbewerb.

Ein neuer Artikel über „Kauen" findet sich in der Zeitschrift *Integers* (siehe den letzten Eintrag auf http://www.integers-ejcnt.org/vol5.html).

Alle Wege führen nach Rom

Dieses Rätsel hatte seinen recht ernsthaften Ursprung in R. L. Adler, L. W. Goodwyn und B. Weiss, „Equivalence of Topological Markov Shifts", in *Israel J. Math*, Bd. 27 (1977), S. 49–63.

Nachdem die Straßen eingefärbt sind, können Sie sich *R* und *B* als Operationen auf Mengen von Knoten in folgender Weise vorstellen: $R(S)$ ist die Menge der Knoten, die von einem Knoten von *S* erreichbar ist, indem man dem roten Ausgang folgt; für $B(S)$ gilt Ähnliches. Die Vermutung sagt dann, dass es bei irgendeiner Einfärbung eine Anordnung von *R*s und *B*s gibt, die die gesamte Menge der Knoten zu einem einzigen Knoten kollabieren lässt.

Die Abbildung zeigt zwei Einfärbungen des vollständigen Digraphen für drei Knoten. Die erste kann nicht zusammenfallen, da $|B(S)| = |R(S)| = |S|$ für jedes S. Die zweite aber kollabiert durch *BR* oder durch *RB*.

Es gibt einige Klassen von Graphen, bei denen die Vermutung bekanntlich gilt, zum Beispiel wenn alle Städte zwei hereinkommende Straßen haben und wenn die Zahl der Städte ungerade ist (siehe J. Friedman, „On the Road Coloring Problem", in *Proc. A.M.S.*, Bd. 110, Nr. 4 (Dezember 1990), S. 1133–1135).

Kreisscheiben in einer Kreisscheibe

Diese reizvolle Vermutung stammt von Alexander Soifer von der Universität Colorado in Colorado Springs. Die Vermutung und ihre Verwandten waren Thema in einem Dutzend Artikeln in der Zeitschrift *Geombinatorics*; zum Beispiel ist bekannt, dass Quadrate mit der Gesamtfläche 1 in ein Quadrat mit der Gesamtfläche 2 gepackt werden können. Die Verallgemeinerung auf höhere Dimensionen wurde unter anderem von Ihrem Autor vorgeschlagen; das Beispiel mit zwei

Bällen, jeder mit dem Volumen $\frac{1}{2}$, zeigt, dass 2^{d-1} das bestmögliche Ergebnis ist.

Die Vermutung über abgeschlossene Untermengenfamilien

Diese besonders berüchtigte Vermutung scheint zuerst in den 1970er Jahren in den Arbeiten von Peter Frankl, einem ungarischen Mathematiker, vorgekommen zu sein. Frankl lebt in Japan und ist dort eine Berühmtheit im Fernsehen. Die Vermutung hat Kombinatoriker von Beginn an verrückt gemacht, aber bis jetzt haben sie noch nicht einmal begründen können, dass es ein Element in jedem Teil $c > 0$ der Mengen gibt.

Ein sehr kluger Beweis von E. Knill, der in dem Artikel „Union-Closed Families of Sets", in *Discrete Math.*, Bd. 199 (1999), S. 173–182, von Piotr Wojcik zitiert wird, zeigt, dass ein Element in mindestens $N/\log_2 N$ Mengen enthalten ist, wobei N die Größe der Familie ist.

Der letzte Fortschritt bei diesem Rätsel wurde von David Reimer vom College of New Jersey in *Combinatorics, Probability & Computing*, Bd. 12 (2003), S. 89–93, berichtet. Reimer zeigte, dass die durchschnittliche Mengengröße in einer derartigen Mengenfamilie mindestens $\frac{1}{2}\log_2 N$ beträgt, eine zuvor offene Konsequenz aus Frankls Vermutung.

Viele grundlegende Fragen über Mengensysteme sind immer noch ungelöst. Eine davon wurde von Vašek Chvátal von der Rutgers-Universität bereits 1972 vorgeschlagen: Eine Mengenfamilie $\mathcal{F}$ sei abwärts abgeschlossen, das heißt, alle Teilmengen jeder Menge in $\mathcal{F}$ sind auch in $\mathcal{F}$. Vorausgesetzt Sie wollen die größtmögliche schneidende Teilfamilie, also eine, in der beliebige zwei Mengen nichtleere Schnittmengen haben. Eine Möglichkeit, eine schneidende Familie zu erhalten, besteht darin, alle Mengen in $\mathcal{F}$ zu nehmen, die ein bestimmtes gut ausgewähltes Element enthalten. Chvátals Vermutung besagt, dass man niemals ein besseres Ergebnis erhalten kann.

Rechtecke packen

Dieses seltsame und frustrierende Problem erhielt ich vor mehr als zehn Jahren von Bill Pulleyblank (Mathematiker und Direktor bei IBM), der sich aber nicht erinnern kann, wo er es her hat. Seitdem ist das Problem immer wieder einmal aufgetaucht, aber ich war nie in der Lage, es auf eine frühere Quelle als Bill selbst zurückzuverfolgen. Im Juni 2004 erschien es auf IBMs eigener Rätsel-Website *Denken Sie darüber nach*, aber es ist immer noch ungelöst; ich kenne noch nicht einmal einen Beweis, dass die Rechtecke überzeugt werden können, wenigstens 1% der Fläche des Quadrats zu bedecken. Auf der nächsten Seite ist eine Konfiguration von Punkten zusammen mit einer ausreichenden Menge an Rechtecken abgebildet.

Produkte und Summen

David Galvin, der an der Universität von Pennsylvania promoviert hat, machte mich auf dieses Problem aufmerksam. Anscheinend ist eine Menge von sechs Zahlen dafür bekannt, dass beliebige zwei von ihnen das Produkt und die Summe von irgendeinem Zahlenpaar bilden; also würden mindestens sechs Farben benötigt. Andererseits gibt es keine beliebig großen Mengen an Zahlen mit diesen Eigenschaften.

Gruppenzwang

Boris vermutet (genau wie ich), dass diese Wahrscheinlichkeit gegen Null geht, aber es scheint schwierig, diese einfache Variante des Spiels „Krieg" zu analysieren.

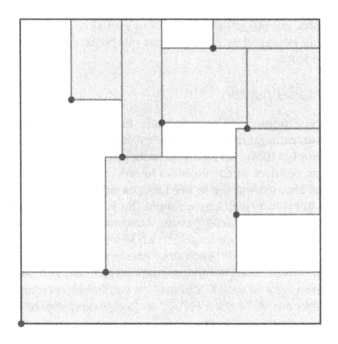

Abdeckung mit Damen

Es gibt viele Rätsel, die sich mit der Platzierung von Schachfiguren (üblicherweise Damen oder Springer) auf einem $n \times n$-Brett befassen. Bei den Damen besteht das Ziel gewöhnlich darin, so viele wie möglich zu platzieren, ohne dass eine Dame eine andere angreift, aber hier ist die Idee, mit möglichst wenigen Damen jedes Quadrat anzugreifen. Es scheint schwer glaubhaft, dass man mehr Damen benötigt, um weniger Quadrate abzudecken, aber da ein größeres Brett mehr Positionen enthält, von denen aus eine Dame ihr Reich überblicken kann, ist es schwer, dies auszuschließen!

Rendezvous

Wenn einer der Freunde sucht, während der andere am Ort bleibt, dann müssen durchschnittlich $n/2$ Geschäfte durchsucht werden, bis sie sich finden; dabei ist n die große Zahl der Geschäfte im Einkaufszentrum. Die Regeln von „Rendezvous" verbieten ein Protokoll, das die Symmetrie der beiden Freunde durchbricht, indem zum Beispiel gesagt wird, dass der Jüngere sucht, während der Ältere an Ort und Stelle bleibt. Wenn beide Freunde suchen, werden durchschnittlich n Schritte benötigt, bevor sie Glück haben und sich beim Durchsuchen desselben Geschäfts entdecken.

Das Rendezvousproblem wurde 1976 (wenn auch nicht in diesen Worten) von Steve Alpern von der London School of Economics aufgeworfen. Über dieses und einige andere Probleme finden Sie Informationen auf Richard Webers Website an der Universität von Cambridge. Weber und E. J. Anderson haben einen Algorithmus vorgeschlagen, demzufolge jeder der Freunde eine verbogene Münze wirft und sich mit einer Wahrscheinlichkeit von ungefähr 0,2475 entscheidet, am Ort zu bleiben, ansonsten aber die n Geschäfte in zufälliger Reihenfolge abzusuchen; wenn nichts geschieht, wird der gesamte Prozess wiederholt. Dies hat bei durchschnittlich $0,8289n$ Schritten Erfolg, doch war noch niemand in der Lage zu beweisen, dass dies optimal ist.

Ein Rechteck verbiegen

Serge Tabachnikov und Dmitry Fuchs präsentieren in Lektion 14 ihres Buchs *Mathematical Omnibus: Thirty Lectures on Classic Mathematics* dieses Rätsel und liefern auch den Beweis, dass ein Länge/Breite-Verhältnis von $\pi/2 \approx 1,57$ notwendig und $\sqrt{3} \approx 1,83$ hinreichend ist. Aber die genaue Antwort ist nicht bekannt. Weitere Informationen erthalten Sie auf http://www.math.psu.edu/tabachni/Books/taba.pdf.

Kaugummiautomaten

Dieses Rätsel stammt (in der Begrifflichkeit von unabhängigen Zufallsvariablen) von Uri Feige von der Microsoft-Forschung. Es sieht so aus, als ob es das Beste wäre, jede Maschine $n + 1$ Kaugummikugeln mit der Wahrscheinlichkeit $1/(n+1)$ produzieren zu lassen, und nichts anderes. Solange wenigstens eine Maschine mitspielt, bekommen Sie mehr als n Kaugummis. Dies trifft mit der Wahrscheinlichkeit

$$1 - \left(1 - \frac{1}{n+1}\right)^n$$

zu, was Sie sehr nahe an $1 - e \approx 63\%$ heranbringt, wenn n groß wird. Niemand hat eine bessere Methode gefunden; die beste Beschränkung stammt von Feige selbst; sie besagt, dass man niemals eine Wahrscheinlichkeit von mehr als n Kaugummikugeln erhält, die über $12/13$ hinausgeht. Es scheint, als ob dies nicht so schwer sein sollte.

Kreisscheiben in der Ebene

János Pach von der Universität New York ist Urheber und Experte dieses wundervollen offenen Problems. In seinem Artikel „Covering the plane with convex polygons", in *Discrete Computational Geometry*, Bd. 1, #1 (1986), S. 73–81, beweist Pach, dass es für jedes symmetrische Vieleck P und für jede positive ganze Zahl r ein k dergestalt gibt, dass jede k-fache Bedeckung der Ebene mit Translationen von P in r Bedeckungen aufgeteilt werden kann. Aber ein solches k ist unbekannt, wenn aus dem Vieleck eine Kreisscheibe wird, selbst für $r = 2$.

Ich denke, $k = 4$ sollte ausreichen. Was denken Sie?

Nachwort

Was Sie gelesen haben, ist (das war jedenfalls meine Absicht) kein Buch über Mathematik, sondern eine Sammlung mathematischer Rätsel. Sie widmet sich amüsanten Problemen, keinen wichtigen. Sie stellt keine Theorie auf, fügt sich in keine Struktur ein und verlangt keine Disziplin; man benötigt dafür die Aufmerksamkeitsspanne eines kleinen Kindes.

Selbst ein Anhänger der problemorientierten Annäherung an die Mathematik (wie Tim Gowers, Autor eines Artikels mit dem Titel „The Two Cultures of Mathematics") würde beim Gedanken erblassen, man könne Mathematik aus einem Rätselbuch erlernen. Ihr Autor sieht das nicht anders.

Dennoch habe ich das Gefühl, dass das Verstehen und die Wertschätzung von Rätseln (selbst solcher mit einzigartigen Lösungen) gut für Sie sind. Ich habe hier nicht versucht, problemlösendes Denken zu etablieren, wie es Polya und andere getan haben, sondern zog es vor, die Rätsel für sich selbst sprechen zu lassen. Aber die Rätsel sprechen, und sie sagen die Wahrheit.

9. Juli 2003   *Peter Winkler*

Rätselindex

*Steile Seitenzahlen stehen für die Rätsel und
kursive Seitenzahlen für deren Lösung.*

Printed by Printforce, the Netherlands